贵金属羰基冶金

滕荣厚　赵宝生　朱正良　著

Ru　　Os　　Ir

北京
冶金工业出版社
2021

内容提要

本书主要叙述了贵金属羰基配合物（金、银、锇、铱、钌、铑、钯等）的合成方法、贵金属羰基配合物的种类及其物理化学性质。重点叙述了利用每一种贵金属羰基配合物的属性（如熔点、升华温度及在有机物中的溶解性），从混合物中进行分离，从而获得高纯度的某一种贵金属羰基配合物。通过热分解贵金属羰基配合物可以获得形状各异（粉末、膜及涂层），不同性质的贵金属材料。另外，书中详细地叙述了含有贵金属硫化矿物富集贵金属的方法，给出羰基法富集贵金属的工艺流程及工艺参数。

本书可供从事贵金属羰基冶金的科研工作者阅读参考，也可供冶金院校相关专业本科生、研究生参考。

图书在版编目(CIP)数据

贵金属羰基冶金/滕荣厚，赵宝生，朱正良著. —北京：冶金工业出版社，2021.12

ISBN 978-7-5024-9000-3

Ⅰ.①贵…　Ⅱ.①滕…　②赵…　③朱…　Ⅲ.①羰基合成—贵金属冶金　Ⅳ.①TF83

中国版本图书馆 CIP 数据核字（2021）第 265608 号

贵金属羰基冶金

出版发行　冶金工业出版社　　**电　　话**　(010)64027926
地　　址　北京市东城区嵩祝院北巷 39 号　　**邮　　编**　100009
网　　址　www.mip1953.com　　**电子信箱**　service@mip1953.com

责任编辑　夏小雪　张　丹　美术编辑　彭子赫　版式设计　郑小利
责任校对　李　娜　责任印制　李玉山
三河市双峰印刷装订有限公司印刷
2021 年 12 月第 1 版，2021 年 12 月第 1 次印刷
710mm×1000mm　1/16；8.5 印张；162 千字；123 页
定价 50.00 元

投稿电话　(010)64027932　投稿信箱　tougao@cnmip.com.cn
营销中心电话　(010)64044283
冶金工业出版社天猫旗舰店　yjgycbs.tmall.com

前　言

羰基冶金（Carbonyl Metallurgy），也称羰基法精炼金属（Carbonyl Refining Metal），属于气化冶金领域中的一个分支。它利用某些金属元素（Fe、Ni、Co 等），在一定的温度及压力下，与一氧化碳气体进行合成反应，生成羰基金属配合物。该反应是一个可逆反应，利用生成羰基金属配合物化学反应式的逆反应（分解反应）获得纯金属。

羰基冶金精炼金属不但工艺流程短、节能、高效，而且还能获得纯度高、形状各异、物理及化学性能独特的金属材料。因此，羰基冶金产品被广泛地应用在冶金、化工、机械、电子、航空航天及国防工业上，也是发展高技术领域中不可缺少及不可替代的材料。

羰基冶金已经具有一百多年的历史，不但经久不衰，而且还在不断发展。20 世纪 70 年代羰基冶金在加拿大、英国、德国、俄罗斯及中国获得高速发展，现在全世界羰基法生产镍的年产量可达到 15 万~20 万吨。羰基法精炼铁的年产量达到 2 万吨以上。目前已经合成制备出的羰基金属配合物有 40 多种，如羰基镍配合物、羰基铁配合物、羰基钴配合物、羰基钼配合物、羰基钨配合物、羰基铌配合物、羰基钽配合物及贵金属羰基配合物（羰基金配合物、羰基锇配合物、羰基铱配合物、羰基钌配合物、羰基铑配合物、羰基钯配合物、贵金属卤素羰基配合物）等。

贵金属羰基冶金是羰基冶金领域中的一个重要组成部分。利用羰基法能够从含有贵金属的原料中，有效地富集贵金属，达到几乎没有贵金属流失；利用羰基法已经能够合成贵金属配合物；利用贵金属配合物的独特属性（升华、在有机物中的溶解性），能够分出纯净的贵金属配合物。贵金属配合物本身就是非常好的催化剂，利用贵金属配合物可以热分解的性质，能够获得形状各异、高性能的贵金属材料，如粉末材料、针状材料、胡须材料、薄膜材料、涂层材料等。贵金属材料已经在航空航天、化工、电子、冶金、环保及生命医学领域中获得广泛应用。

《贵金属羰基冶金》一书系统地叙述了贵金属羰基冶金的基本原理；利用羰基法富集贵金属工艺；贵金属羰基配合物的合成工艺流程及热分解参数设计；通过热分解贵金属配合物，获得具有独特性能的贵金属材料及其应用。目前，国内还没有完整的叙述贵金属羰基冶金的书籍，本书的出版不但填补了该方面国内技术空白，而且为从事羰基冶金科研人员、羰基冶金工程技术人员提供了重要的参考资料。

本书作者赵宝生教授是羰基冶金专家，我们共同出版了《羰基法精炼镍及安全环保》和《羰基法精炼铁及安全环保》两本著作，由他为本书撰写羰基法富集贵金属及贵金属精炼。昆明理工大学副教授朱正良为本书撰写了贵金属的特性及应用。

由于作者水平有限，书中难免存在不当之处，敬请业内学者及涉猎本书的广大读者批评指正。

滕荣厚

2021 年 9 月

目　　录

1 概　　述

1.1 羰基冶金[1,2]

在叙述贵金属羰基冶金之前，应该简单谈一下“羰基冶金”专业领域。因为它不但涵盖了黑色金属、有色金属、稀有金属及贵金属冶金技术，而且产品还具有特殊的功能，所以在“羰基冶金”大家族中独树一帜不断地发展壮大。

羰基冶金对于羰基金属的合成及热分解的理论论述得非常清楚；促进羰基冶金产业化的庞大规模崛起，一般从千吨级到万吨级；而且还能够获得高纯度、形状各异、物理及化学性能独特的结构材料和功能材料。因此，羰基冶金产品被广泛应用在冶金、化工、机械、电子、航空航天及国防工业上，也是发展高技术领域中不可缺少和不可替代的材料。

1.1.1 羰基冶金定义

羰基冶金（carbonyl metallurgy），也称羰基法精炼金属（carbonyl refining metal），是气化冶金领域中的一个分支。它是利用羰基金属配合物的合成及分解反应特性，从含有可以进行羰基合成反应的金属原料中提取金属的方法，故称为羰基冶金。

在一定的温度及压力下，原料中含有的能够形成羰基配合物的金属元素（Fe、Ni、Co、Mn、Mo、W、Cr、Ru、Rh、Re、Os、Ir、Pt 等）与一氧化碳气体进行羰基金属配合物的化合反应，生成羰基金属配合物（$Me+nCO \rightleftharpoons Me(CO)_n$）。该反应是一个可逆反应，利用生成羰基金属配合物的逆反应（热分解反应）可获得纯金属。

1.1.2 羰基冶金的发展史

四羰基镍配合物是英国科学家蒙德（Dr. Ludwing Mond）于 1889 年发现的，它是羰基金属配合物家族中第一个被发现的羰基金属配合物。蒙德马上就意识到四羰基镍配合物的冶金意义及商业价值，于是蒙德首先在实验室里进行四羰基镍的合成及热分解的研究。1902 年，蒙德和朗格尔（Dr. Carl Langer）在英国威尔士 Clydach 建立了世界上第一座 Mond 常压羰基法精炼镍工厂，年产量达到 2. 8 万吨，开创了羰基法精炼镍的先河。

第二次世界大战前德国苯胺与苏打公司（BASF）率先采用高压羰基法精炼镍和铁工艺，建立了年产 6000t 的高压法精炼镍工厂；1953 年，苏联诺列斯克采用高压羰基法精炼镍技术，建立了年产 5000t 的羰基镍厂；1973 年，加拿大国际镍公司铜崖精炼厂投产，利用中压转动合成釜新技术年产镍 5 万~6 万吨；加拿大国际镍公司在新克里多尼亚布瓦兹建立的精炼厂年产镍 5 万吨。俄罗斯、美国、中国及其他一些国家地区的羰基法精炼铁、镍、钴、钼、钨、铬等已处于工业规模。

进入 2000 年后羰基冶金在中国获得高速发展。经过几十年科研和生产实践的积累，在消化国外技术的基础上，由我国科学技术人员自行设计，具有自主知识产权和专利权的现代化的羰基法精炼镍工艺已经投产。金川集团公司、江苏天一超细金属粉末有限公司、江西悦安新材料股份有限公司、陕西兴平羰基铁厂（陕西兴化化学股份有限公司）、吉林吉恩镍业股份有限公司等都建立了从千吨到万吨级的羰基镍、铁精炼厂。近 20 年来中国羰基冶金迅猛发展，目前产品不但能够满足国内需求，而且还远销国外。

1.2 贵金属羰基冶金[3,4]

1.2.1 贵金属羰基冶金定义

贵金属羰基冶金是利用贵金属元素及其贵金属元素的卤化物（Cl、Br、I），在一定温度及压力下与一氧化碳气体进行合成反应，生成贵金属配合物，或者卤化贵金属羰基配合物，通过分离、热分解获得贵金属的方法。

1.2.2 贵金属羰基冶金工艺流程设计

利用含有贵金属的精矿原料进行羰基冶金工艺来精炼贵金属，主要包括以下工艺流程。

（1）羰基法富集贵金属[5]：利用羰基法除去贵金属精矿中的贱金属（铁、钴、镍、钨、钼等）来富集贵金属。

（2）羰基法富集贵金属渣的处理：对含有贵金属的渣料进行球磨粉碎，

然后进行卤化处理，使得含贵金属原料具有一定活性，作为贵金属羰基合成的原料。

（3）贵金属羰基配合物合成：在一定的温度及压力下，在高压反应釜内贵金属或者贵金属卤化物原料与一氧化碳气体进行合成反应，生成贵金属羰基配合物或者卤化贵金属羰基配合物。

$$\text{(P) Me} + n\text{CO} \rightleftharpoons \text{Me(gui)CO}_n$$

$$\text{(P) Me(ha)}_n + n\text{CO} \rightleftharpoons \text{(P)Me(ha)}_n\text{CO}_n$$

式中，(P)Me 代表贵金属；(P)Me(ha)$_n$ 代表贵金属卤化物。

（4）贵金属羰基配合物的分离：利用贵金属羰基配合物的属性（在有机物中溶解及不同的升华温度），通过精馏、不同温度进行升华分离，将贵金属羰基配合物或者卤化贵金属羰基配合物进行分离，以获得贵金属羰基配合物的单体。

（5）贵金属羰基配合物的热分解：因为贵金属羰基配合物具有不稳定性，故可通过热分解方法获得纯的贵金属。通过改变热分解条件（空间热分解、基体表面热分解、纳米级多孔内热分解等）可以获得形状各异的贵金属。

1.2.3 贵金属羰基冶金适用范围

贵金属羰基冶金适用于含有贵金属的铜镍硫化矿，同时要大规模应用于羰基冶金工厂中。

1.2.4 贵金属羰基冶金特点

贵金属羰基冶金工艺简单、工艺流程短，能源消耗非常低，是节能工艺流程；无废渣废液，是环保工艺。

1.3 贵金属羰基冶金产品及其应用[6,7]

1.3.1 贵金属羰基冶金产品

根据贵金属羰基配合物的热分解条件（如温度、稀释比及压力）、热分解环境（如空间自由分解、羰基配合物混合分解、固体表面沉积、液体内分解等）可以获得具有不同形状、不同物理和化学性能的贵金属及复合材料。

（1）贵金属粉末：通过控制贵金属羰基配合物的温度、稀释比及压力等条件，可以获得微米级、纳米级粉末；还能够制取包覆贵金属复合（核心为金属、非金属）粉末。

（2）贵金属合金材料：将贵金属羰基配合物与羰基铁配合物、羰基镍配合物、羰基钴配合物及难熔金属配合物按一定比例混合热分解，能够获得含有贵金属的合金。

（3）贵金属薄膜材料：可制取不同厚度的贵金属薄膜（致密薄膜、微孔薄膜）。

（4）泡沫材料：采用羰基法气相沉积获得泡沫材料，可以准确地控制孔隙度。

（5）贵金属复合材料：可通过贵金属羰基配合物气相沉积制备复合材料，例如炭纤维复合材料、陶瓷复合材料、塑料复合材料等。

1.3.2 贵金属的特性

贵金属的共同特性是，除了锇和钌为钢灰色外，其余均为银白色；贵金属具有熔点高、强度大、电热性稳定、抗电火花蚀耗性高、抗腐蚀性优良、高温抗氧化性能强、催化活性良好的优点，贵金属各自的特性又决定了不同的用途。例如，铂有良好的塑性和稳定的电阻与电阻温度系数，可锻造成铂丝、铂箔等，它不与氧直接化合，不被酸、碱侵蚀，只溶于热的王水中；钯可溶于浓硝酸，室温下能吸收其体积350~850倍的氢气；铑和铱不溶于王水，能与熔融氢氧化钠和过氧化钠反应，生成溶解于酸的化合物；锇与钌不溶于王水，易氧化成四氧化物。

贵金属粉末颗粒<1μm（颗粒度达到纳米级）时，其导电性、光学活性、磁性（超顺磁）、比热容、核磁张弛等方面表现出特异功能。

1.3.3 贵金属应用

铂族金属包括铂（Pt）、钯（Pd）、锇（Os）、铱（Ir）、钌（Ru）、铑（Rh）6种金属元素与金、银2种金属元素。这8种金属元素合称为贵金属，广泛应用于汽车尾气净化、化工、航空航天、玻纤、电子和电气工业等领域，特别是在电子、新能源和环境保护领域中发挥独特作用；用量虽少，却起着不可替代的关键作用，素有“工业维生素”之称。

1.3.3.1 贵金属催化剂

铂族金属具有极高的催化活性和选择性、使用寿命长和可回收再生等优点。铂族金属催化剂在化学工业、石油工业占有重要地位，在高科技领域及新材料的发展中起到关键作用。

（1）化工领域应用。硝酸工业氨氧化用铂铑，或铂钯铑催化网。提高汽车油辛烷值的石油重整，一直离不开铂及铂等基催化剂。另外，裂化催化剂也多以铂或钯为基。碳化学用催化剂制备各种化学制品并用于新兴工业领域。

Pt-Pd-Rh-RE 四元合金催化针织网具有抗毒化能力强、氨氧化率高及使用寿命长等特点，广泛用于硝酸、氢氰酸及己内酰胺生产。

（2）环境保护净化器。可作为贵金属汽车尾气净化催化剂及净化器。稀土-贵金属三效稀土基催化剂，以稀土氧化物为主体添加少量贵金属，其产品性能优越、稳定性和可靠性高，对汽车尾气排放污染物 CO、HC、NO_x 的净化率平均达到 90%以上，寿命超过 80000km。目前的发展趋势是薄壁蜂窝和三元催化系统；采用氧传感器、电子计算机空燃比反馈控制系统，可以同时消除废气中的一氧化碳、碳氢化合物和氮氧化物。

（3）催化传感器。微功耗及双功能催化传感器可对 0~100%浓度的可燃性气体进行准确测量，克服了一般催化传感器不能测量高浓度可燃性气体的弱点。该类产品在石油、化工、煤炭、冶金、消防、环保及家电等许多领域中可准确测量可燃性气体含量。

（4）在制浆造纸工业上的应用。在制浆造纸工业的纸浆漂白过程中，由于漂白药品对设备腐蚀非常严重，一般采用不锈钢及钛合金材料，把少量的钯（0.1%~0.5%）加入纯钛中能促进阳极钝化，能使在盐酸、硫酸等非氧化酸中本来不耐蚀的钛变为耐蚀。纯钛中加入 0.1%的钯能使腐蚀速率大幅下降，有利于制浆造纸设备的防腐。

1.3.3.2 航空航天材料中的贵金属

航空、航天、航海工业要求材料具有高温抗腐蚀性、高可靠性、高精度和长的使用寿命，如火箭点火引爆合金，航空发动机点火接点，导弹、卫星、舰艇、飞行器等控制方向、姿态的仪表材料（如陀螺仪的导电游丝）、精确测温材料、应变材料等。

1.3.3.3 贵金属在信息技术中的应用

信息技术及激光技术中的贵金属，电子计算机极大地促进信息技术的发展。电子计算机的心脏——大规模集成电路元件的制造离不开贵金属。随着集成电路及无线电元器件小型化、片状化、组合化的发展，对贵金属厚膜浆料的需要剧增。现在已经形成包括导电、电极、电阻、电位器及介质浆料包封材料的系列产品。混合集成电路（其中约 80%是厚膜集成电路）广泛用于电子计算机、传真、电视、录像、电影、无线电等领域。

1.3.3.4 能源技术的贵金属材料

核反应堆是核发电的基础。在核裂变压反应堆中使用 Ag-In-Cd 合金作为中子吸收材料。在 AI 中加入 Cu、Ag 等元素可制成电子抗拉强度高、对放射性敏感性低的核反应堆结构材料。Pt-6Ru/Pt 热电偶可用于核反应堆 1870K 以下温度的测量。

1.3.3.5 电子技术元件

贵金属厚膜电子浆料是信息工业中电子元器件、集成电路的基础材料，作为现代微电子技术用片式元件、电容器、薄膜开关、多层布线、包封玻璃、太阳能电池、导电橡胶、汽车玻璃化霜导带、传感器等重要的关键基础材料。电真空及微电子器件用贵金属钎料，贵金属钎料主要有银合金钎料、金合金钎料、铂合金钎料和钯合金钎料。

1.3.3.6 自动化技术中的贵金属材料

自动技术离不开电，贵金属材料由于其抗氧化最适于制造电接点。现在研究的主攻方向是，在提高电接点性能及质量的基础上，谋求贵金属的节约。

1.3.3.7 电器触头材料

Cu/Pd 复合材料是一种新型的功能性复合材料，它具有优异的可加工性、适中的硬度和较高的电导率，特别是抗直流触头材料微小迁移特性，是目前世界上最佳的直流触头材料之一。

1.3.3.8 导电性高分子材料

将镀金的金属纤维和金属粉末混入高分子材料（如橡胶）制成各向导电性橡胶可用于发光二极管、液晶元件、混合集成电路中。用铂族金属有机化合物可使聚乙炔、石墨层间化合物导电化，也可制电导率与银铜相匹敌的导电性高分子材料。

1.3.3.9 贵金属非晶态合金

贵金属非晶态合金包括铂、金、钯、铑、铱等合金系列。主要用途是催化剂、磁电机材料、电极材料、储氢材料、高强度材料、焊料等。在钛中加入 0.2%的钯可极大地提高钛的抗腐蚀能力；在不锈钢中加入 0.1%~3%的铂可使不锈钢的腐蚀量减少到原来的 1/10。

最近提出的耐蚀合金还有 Ti-Ru-W(Mo 或 Ni) 系合金。在不锈钢表面镀 0.1~0.5μm 厚的金，就有了导电性和钎焊性，从而开辟了其在电子工业中的应用。

1.3.3.10 贵金属在生物医学中的应用

利用贵金属，特别是以铂及其合金制造的微探针可探索神经系统和修复受损部分，因为这些装置植入人体部分除了需与人体相容、无毒外，还要求有良好的抗腐蚀性、导电性、抗蠕变性等。常用的有 Pt、Pt-Ir、Au、Au-Pt、Ag-Pd 等金属或合金材料。贵金属同位素、化合物可用于肝、肺、肾、乳腺、脑等疾病及肿瘤的诊断治疗。

1.3.3.11 铂族金属的具体应用

铂族贵金属铂(Pt)、钯(Pd)、锇(Os)、铱(Ir)、钌(Ru)、铑(Rh) 的应用见表 1-1。

表 1-1 铂族金属的具体应用

贵金属	应用
锇(Os)	用于仪器或工具的关键部件，如指南针中的指针、时钟的轴承；也用于制造电灯丝、高温合金、高压轴承；还用于制作高级钢笔尖
铱(Ir)	铱的应用大部分运用其高熔点、高硬度和抗腐蚀性质。铱金属以及铱-铂合金和锇-铱合金的耗损很低，可用来制造多孔喷丝板。喷丝板用于把塑料聚合物挤压成纤维，例如人造丝。 锇-铱合金也可以用于制作指南针轴承和计重秤。飞机引擎中的一些长期使用部件是由铱合金组成的，铱-钛合金也被用作水底管道材料。 Cativa 催化法把甲醇转变为乙酸的过程中，可使用铱化合物作为催化剂。 放射性同位素铱-192 在 γ 射线照相中是一种重要的能源，有助于对金属进行无损检测。 另外，近距离治疗是利用 Ir 所释放的 γ 射线来治疗癌症。这种治疗方法是把辐射源置于癌组织附近或里面，可用于治疗前列腺癌、胆管癌及子宫颈癌等。铱还被用于 X 射线望远镜中，例如钱德拉 X 射线天文台的反射镜
钌(Ru)	用途主要由钌的物理化学性质决定，钌是硬质的白色金属。 铑钌合金：以铑为基含钌的二元合金。钌在铑中的最大溶解度>20%，RhRu10 合金的铸态维氏硬度为 1344。铑钌合金用高频感应加热炉氩气保护熔炼，铸锭经热轧和少量的冷加工成材，常用做催化剂。 钌是极好的催化剂，可用于氢化、异构化、氧化和重整反应中。纯金属钌用途很少。它是铂和钯的有效硬化剂，可用它制造电接触合金，以及硬磨硬质合金等。2016 年，诺贝尔化学奖获得者、南加利福尼亚大学化学系教授乔治·欧拉率领团队，首次采用基于金属钌的催化剂，将从空气中捕获的二氧化碳直接转化为甲醇燃料。 钌系电阻浆料超细水合二氧化钌粉可用于生产厚膜电阻浆料或催化剂

续表 1-1

贵金属	应 用
铑(Rh)	铂族金属熔点高、强度大、电热性稳定、抗电火花蚀耗性高、抗腐蚀性优良、高温抗氧化性能强、催化活性良好，广泛应用于汽车尾气净化、化工、航空航天、玻纤、电子和电气工业等领域，用量虽少，但起着关键作用，素有“工业维生素”之称。 除了制造合金外，铑可用于其他金属光亮而坚硬的镀膜，例如，镀在银器或照相机零件上。将铑蒸发至玻璃表面上，形成一层薄蜡，便制成一种特别优良的反射镜面。 （1）催化活性和选择性高、寿命长。铑及其合金、含铑化合物、配合物催化剂可用于制造醛类和醋酸，汽车废气净化，硝酸生产的氨氧化，塑料、人造纤维、药物、农药等有机化工合成，燃料电池电极。 （2）对可见光反射率高而稳定。常用于特殊工业用镜、探照灯、雷达等反射面的镀层。 （3）熔点高、抗氧化、耐腐蚀，是化学性质最稳定的金属之一。可做耐腐蚀容器，大气中可在 1850℃ 高温下使用，纯铑坩埚可用于生产钨酸钙和铌酸锂单晶。 （4）铑镀层硬度高（7500~9000MPa）、耐磨、耐腐蚀、接触电阻稳定。镀铑复合材料是优良的电接触材料，铑还可用于饰品和其他工业仪器、气敏元件的镀层。 （5）改性作用。铑可与铂、钯等金属形成固溶体，对基体起固溶强化作用，提高基体的熔点、再结晶温度和抗腐蚀性，减少氧化挥发损失，其中铂铑合金是优良的贵金属测温材料；铑与钛、锆、铪、钽、铌等金属形成的化合物对含铑合金起弥散强化作用，增加热稳定性；铱中加铑可改善铱的加工性能。 （6）加工硬化率高，热加工成一定尺寸后可以冷加工。 （7）价格昂贵，除特殊使用外，通常只作为添加元素使用
钯(Pd)	钯是航天、航空、航海、兵器和核能等高科技领域以及汽车制造业不可缺少的关键材料，也是国际贵金属投资市场上不容忽略的投资品种。 氯化钯还用于电镀；氯化钯及其有关的氯化物用于循环精炼并作为热分解法制造纯海绵钯的来源。一氧化钯（PdO）和氢氧化钯 [$Pd(OH)_2$] 可作钯催化剂的来源。四硝基钯酸钠 [$Na_2Pd(NO_3)_4$] 和其他配盐用作电镀液的主要成分。 钯在化学中主要做催化剂；钯与钌、铱、银、金、铜等熔成合金，可提高钯的电阻率、硬度和强度，用于制造精密电阻、珠宝饰物等。最常见和最有市场价值钯金首饰的合金是钯金。 钯主要用于制催化剂，还用于制造牙科材料、手表和外科器具等

续表 1-1

贵金属	应　　用
铂(Pt)	铂的用途是作为化学反应的催化剂，这种催化剂通常是铂黑。19 世纪早期，化学家开始用铂粉末对氢的点燃反应进行催化。 目前铂的最大应用为汽车的催化转换器，可使废气中低浓度未燃烧的碳氢化合物能够完全燃烧，产生二氧化碳和水汽。 在石油工业中，铂可以用来催化若干个不同的反应，特别是将石油催化重整为更高辛烷值的汽油。二氧化铂（或称亚当斯催化剂）是氢化反应的催化剂，特别用于生产植物油。铂金属可以很好地催化过氧化氢分解为水和氧气的反应。 铂是各种金属器具的合金添加剂，如金属细丝、抗腐蚀实验容器、医疗器材、电触头和热电偶等。铂钴合金、铁铂合金可以制成强力的永久磁体，同时也是硬盘碟片中记录层的主要材料。船舶、管道和钢铁码头都有用到含铂的阳极

参考文献

[1] 滕荣厚，赵宝生．羰基法精炼镍及安全环保 [M]．北京：冶金工业出版社，2017：1~9.

[2] 滕荣厚，赵宝生．羰基法精炼铁及安全环保 [M]．北京：冶金工业出版社，2019：11~19，25~28.

[3] Бёлозерский Н А，Карбонилй Металлов. Москва：Научно. тёхничесоеиздательства，1958：311~347.

[4] БСыркин. Карбонильные Металлы Москва：Метллургия，1978：107~109.

[5] 刘思林，陈趣山，滕荣厚，等．镍羰化过程中贵金属富集的研究 [J]．有色金属，1998(3)．

[6] 刘桂华．贵金属应用 [J]．金属世界，2012(4)：5~7，13.

[7] 贵金属资源的应用及开发，百度学术．

2 贵金属羰基配合物及其属性

2.1 贵金属羰基配合物种类及其属性[1,2]

贵金属元素及其卤化物在一定的温度和一定的一氧化碳气体压力下进行合成反应，会生成贵金属羰基配合物，或者卤化贵金属羰基配合物。每一种贵金属羰基配合物都具有共性，如在加热时进行分解获得贵金属。但是，每一种贵金属羰基配合物也具有自己独特的属性，如融化温度、升华温度及溶解性。利用它们各自的属性可以进行分离，获得单一的贵金属羰基配合物，为羰基法精炼贵金属提供可靠的科学条件。下面介绍贵金属羰基配合物的种类及其属性。

2.1.1 羰基金配合物

羰基金配合物种类及属性见表 2-1。

表 2-1 羰基金配合物的种类及属性

属性	六基金配合物种类				
	六羰基金配合物	氯化羰基金配合物	溴化羰基金配合物	碘化羰基金配合物	氢化羰基金配合物
分子式	$Au_2(CO)_6$	$Au(CO)Cl$	$Au(CO)Br$	$Au(CO)I$	$Au(CO)H$
状态	预测羰基金形式	无色晶体			
升华温度/℃					
融化温度/℃					
分解温度/℃		223			

2.1.2 羰基钌配合物

羰基钌配合物的种类及属性分别见表 2-2 和表 2-3。其中，五、九、四、二、十二羰基钌配合物种类及属性见表 2-2。卤化羰基钌配合物种类及属性见表 2-3。

表 2-2 羰基钌配合物种类及属性

属性	羰基钌配合物种类				
	五羰基钌配合物	九羰基钌配合物	四羰基钌配合物	二羰基钌配合物	十二羰基钌配合物
分子式	$Ru(CO)_5$	$Ru_2(CO)_9$	$[Ru(CO)_4]_x$	$Ru(CO)_2$	$Ru_3(CO)_{12}$
状态	晶体无色	从橙红色到绿黄色二向色性	绿红晶体	针状黄橙色	
升华温度/℃					
融化温度/℃	-20				
分解温度/℃	-10~220	150			

表 2-3 卤化羰基钌配合物种类及属性

属性	卤化羰基钌配合物种类			
	二氯化二羰基钌配合物	二溴化二羰基钌配合物	溴化羰基钌配合物	二碘化二羰基钌配合物
分子式	$Ru(CO)_2Cl_2$	$Ru(CO)_2Br_2$	RuCOBr	$Ru(CO)_2I_2$
状态	柠檬黄	淡柠檬黄	无色晶体组成	红黄结晶超细粉末
升华温度/℃				
融化温度/℃				
分解温度/℃	210	350~400	200	

2.1.3 羰基铑配合物

羰基铑配合物的种类较多，既有贵金属铑与一氧化碳气体直接合成的羰基铑配合物，如：$[Rh(CO)_4]_2$、$[Rh(CO)_3]_x$、$Rh_4(CO)_{11}$、$Rh_4(CO)_{12}$、$Rh_2(CO)_8$ 等，也有卤化羰基铑配合物和氢化羰基铑配合物，如 $HRh(CO)_4$、$[Rh(CO)_2Cl]_2$、$Rh(CO)_2Br$ 、$Rh(CO)_2I$ 等。羰基铑配合物种类及属性分别见表 2-4 和表 2-5。

2.1.4 四羰基钯配合物

目前已经获得的羰基钯配合物共有 4 种。其中有贵金属钯和一氧化碳气体形成的配合物及绿化羰基钯配合物。羰基钯配合物种类及属性见表 2-6。

表 2-4　羰基铑配合物

属性	羰基铑配合物种类				
	四羰基铑配合物	三羰基铑配合物	十一羰基铑配合物	十二羰基四铑	八羰基二铑
分子式	$[Rh(CO)_4]_2$	$[Rh(CO)_3]_x$	$Rh_4(CO)_{11}$	$Rh_4(CO)_{12}$	$Rh_2(CO)_8$
状态	橙黄色矛状晶体	红色晶体	黑色晶体		
升华温度/℃	常温				
融化温度/℃	76				
分解温度/℃		150	220		

表 2-5　卤化羰基铑配合物

属性	卤化羰基铑配合物种类			
	氢化羰基铑配合物	氯化二羰基铑配合物	溴化二羰基铑配合物	碘化二羰基铑配合物
分子式	$HRh(CO)_4$	$[Rh(CO)_2Cl]_2$	$Rh(CO)_2Br$	$Rh(CO)_2I$
状态	红黄色晶体	红色晶体		黄橙色晶体
升华温度/℃		100	140	110~120
融化温度/℃	-10	123~125.5	118	114
分解温度/℃				

表 2-6　羰基钯配合物种类及属性

属性	羰基钯配合物种类			
	四羰基钯	二氯化羰基钯	二氯化二羰基钯	四氯化三羰基钯
分子式	$Pd(CO)_4$	$PdCOCl_2$	$Pd(CO)_2Cl_2$	$Pd_2(CO)_3Cl_4$
状态	晶体	柠檬黄晶体		
分解温度/℃	>250	60		

2.1.5　羰基锇配合物

目前已经获得了较多种类的羰基锇配合物。有贵金属锇直接和一氧化碳气体进行合成反应生成的羰基锇配合物；也有卤族元素与羰基锇配合物进行合成反应生成的卤化羰基锇配合物；还有氢气与羰基锇配合物进行合成反应生成的氢化羰基锇配合物等。羰基锇配合物的种类及属性分别见表 2-7 和表 2-8。

表 2-7 羰基锇配合物

属 性	羰基锇配合物种类	
	五羰基锇配合物	九羰基二锇配合物
分子式	$Os(CO)_5$	$Os_2(CO)_9$
状态	无色晶体	黄褐色六方晶体
升华温度/℃		130
融化温度/℃	-15	
分解温度/℃		150

表 2-8 卤化羰基锇配合物

属性	卤化羰基锇配合物种类				
	氢化羰基锇配合物	二氯化三羰基锇配合物	二氯化四羰基锇	聚合溴化四羰基锇配合物	二溴化四羰基锇配合物
分子式	$H_2Os(CO)_4$	$Os(CO)_3Cl_2$	$Os(CO)_4Cl_2$	$[Os(CO)_4Br]_2$	$Os(CO)_4Br_2$
状态	红黄色晶体	短棱柱状和针状	无色晶体	黄色细灰状晶体	淡黄色叶子状
升华温度/℃			220	100	
融化温度/℃	-10	249 269~273			
分解温度/℃			250		
属性	卤化羰基锇配合物种类				
	二溴化三羰基锇配合物	聚集碘化四羰基锇	二碘化二羰基锇配合物	二碘化三羰基锇配合物	二碘化四羰基锇配合物
分子式	$Os(CO)_3Br_2$	$[Os(CO)_4I]_2$	$Os(CO)_2I_2$	$Os(CO)_3I_2$	$Os(CO)_4I_2$
状态	黄色低挥发晶体	黄色单斜针状		黄色晶体	黄色晶体
升华温度/℃	100	140			
融化温度/℃		118			
分解温度/℃	120		300		290

2.1.6 羰基铱配合物

已经获得的羰基铱配合物中包括贵金属铱直接和一氧化碳气体进行合成反应生成的羰基铱配合物；也有卤族元素与羰基铱配合物进行合成反应生成的卤化羰基铱配合物；还有氢气与羰基铱配合物进行合成反应生成的氢化羰基铱配合物等。羰基铱配合物的种类及属性分别见表 2-9~表 2-11。

表 2-9 羰基铱配合物种类及属性

属性	羰基铱配合物种类			
	四羰基铱配合物	三羰基铱配合物	八羰基二铱配合物	十二羰基四铱配合物
分子式	$[Ir(CO)_4]_n$ $n=1, 2, 3, \cdots$	$Ir(CO)_3$	$Ir_2(CO)_8$	$Ir_4(CO)_{12}$
状态	绿黄色晶体	金丝雀颜色，六面体与十二面体组合		
升华温度/℃	160			
融化温度/℃				
分解温度/℃				

表 2-10 卤化羰基铱配合物种类及属性

属性	卤化羰基铱配合物种类			
	氯化三羰基铱配合物	二氯化二羰基铱配合物	溴化三羰基铱配合物	二溴化三羰基铱配合物
分子式	$Ir(CO)_3Cl$	$Ir(CO)_2Cl_2$	$Ir(CO)_3Br$	$Ir(CO)_3Br_2$
状态	橄榄绿色	无色晶体	棕色鳞片状	淡黄
升华温度/℃	115		140	
融化温度/℃				
分解温度/℃		200		

表 2-11 卤化羰基铱配合物种类及属性

属性	卤化羰基铱配合物种类			
	二溴化二羰基铱配合物	碘化三羰基铱配合物	二碘化二羰基铱配合物	氢化羰基铱配合物
分子式	$Ir(CO)_2Br_2$	$Ir(CO)_3I$	$Ir(CO)_2I_2$	$HIr(CO)_4$
状态		黑色晶体	黄色	红黄色晶体
升华温度/℃		150		
融化温度/℃				-10
分解温度/℃				

2.1.7 羰基铂配合物

羰基铂配合物的种类及属性见表2-12和表2-13。

表2-12 羰基铂配合物的种类及属性

属性	羰基铂配合物种类			
	四羰基铂配合物	二氯化羰基铂配合物	二氯化二羰基铂配合物	四氯化三羰基铂配合物
分子式	$Pt(CO)_4$	$PtCOCl_2$	$Pt(CO)_2Cl_2$	$Pt_2(CO)_3Cl_4$
状态	红色溶胶	空心针状，黄色或橙黄色	升华获得无色长针晶体	橙黄色针状
升华温度/℃				
融化温度/℃		195	142	130
分解温度/℃	250	300	250	250

表2-13 羰基铂配合物的种类及属性

属性	羰基铂配合物种类				
	六氯化二羰基铂配合物	二溴化羰基铂配合物	二碘化羰基铂配合物	氢化羰基铂配合物	硫化羰基铂配合物
分子式	$Pt(CO)_2Cl_6$	$PtCOBr_2$	$PtCOI_2$	$H[PtCOX_3]$ X：Cl，I	PtCOS
状态	金黄色晶体	红色针形晶体			
升华温度/℃					
融化温度/℃	140	177			
分解温度/℃	105	182			

2.2 与贵金属共生羰基金属配合物[3~9]

在含有贵金属的一次资源中总会有铁、钴、镍、铜等贱金属元素与贵金属共生。如我国金川集团公司的龙首山镍矿资源就是含有丰富贵金属元素的铜-镍矿资源。

含有贵金属共生资源矿石经过选矿、熔炼、贱金属分离后即获得富集贵金属的精矿。羰基法富集贵金属就是将含在贵金属精矿中的贱金属元素铁、钴、镍与一氧化碳气体进行合成反应，生成羰基金属配合物，如羰基铁配合物、羰基镍配合物、羰基钴配合物等。利用羰基配合物的特性进行分离，可以获得富集贵金属的精矿。

为了快速、高效地从贵金属精矿分离出铁、钴、镍金属元素，就必须充分了解贱金属铁、钴、镍合成条件及属性。下面介绍羰基铁配合物、羰基镍配合物及羰基钴配合物的合成条件、影响因素及它们的属性。这些数据是设计贵金属富集工艺流程的科学依据。

2.2.1 羰基铁配合物

羰基铁配合物种类较多，有单核、双核及多核，还可以是一氧化碳与氢负离子、卤素离子、氧化氮等其他配体混合的配合物，如$Fe(CO)_5$、$Fe_2(CO)_9$、$Fe_3(CO)_{12}$、$H_2Fe(CO)_4$、$H_2Fe_2(CO)_8$、$H_2Fe_3(CO)_{11}$、$Fe(CO)_4(NO)$、$Fe(CO)_4Cl_2$、$Fe_2(CO)_8I_2$。比较常见且应用最广泛的是五羰基铁配合物。

2.2.1.1 五羰基铁配合物合成

在一定的温度及压力下，具有活性的海绵铁与具有一定活化能的一氧化碳气体进行羰基铁配合物的合成反应，生成五羰基铁配合物$Fe(CO)_5$。其化学反应方程式为：

$$Fe + 5CO \rightleftharpoons Fe(CO)_5 + 184.22kJ/mol$$

目前工业规模羰基铁精炼厂采用的工艺流程有高压羰基法和中压羰基法。

2.2.1.2 五羰基铁配合物性质

五羰基铁配合物的化学式为$Fe(CO)_5$，为黄色油状液体；分子量为195.90；熔点：-21℃；沸点（101.325kPa）：105℃；液体密度（101.325kPa，21℃）：1457kg/m^3；气体比热容c_p(25℃)：886J/(kg·K)；燃点：320℃；蒸气压：5.7kPa(30℃)、14.5kPa(50℃)、46kPa(80℃)；羰基铁配合物是不稳定的易燃性配合物，能自燃，与氧化性配合物激烈反应，它不溶于水，溶于醇、醚、苯及浓硫酸。$Fe(CO)_5$受日光或紫外线照射时发生二聚作用，生成$Fe_2(CO)_9$和一氧化碳。五羰基铁配合物具有毒性。

2.2.2 羰基镍配合物

2.2.2.1 羰基镍配合物合成

在一定的温度及压力下，金属镍与一氧化碳气体合成四羰基镍的反应为：

$$Ni + 4CO \longrightarrow Ni(CO)_4 + 163.7kJ/mol$$

此反应为多相反应，系统的体积随着合成反应的进行急剧减小。四羰基镍合成反应的速度取决于合成反应系统的温度、参加反应物质的浓度、金属表面积的大小、金属表面的活性、一氧化碳气体的纯度、一氧化碳气体压力、添加的催化物等。

目前，工业化规模羰基法精炼镍的工艺流程有 3 种：常压法、中压法及高压法。

2.2.2.2 四羰基镍配合物性质

四羰基镍配合物 [$Ni(CO)_4$] 在常压下是一种无色的液体；分子量为 170.5；含 Ni 34.37%；其沸点为 43.2℃，冰点为 -19℃；25℃时密度为 1.31g/cm^3；蒸气压为 50.66kPa；在 0℃时也有 17.865kPa 的蒸气压；难溶于水；其蒸汽密度是空气的 5.9 倍；在有氧气或者空气存在时，加热到 60℃会强烈分解；燃烧速率为 2.7mm/min；临界温度约 200℃；临界压力约 3040kPa；闪火点低于 -18℃；自燃点低于 93℃；最低可以燃烧的极限为 2%；在空气中它与空气混合适当浓度 3.5%~4.8%时就会形成具有爆炸危险的混合物；四羰基镍配合物是一种非常危险的有害气体。

2.2.3 八羰基钴配合物

2.2.3.1 羰基钴及衍生物

羰基钴及衍生物包括：

(1) 羰基钴，$Co_2(CO)_8$；

(2) 三羰基钴配合物，$[Co(CO)_3]_4$；

(3) 氢化羰基钴配合物，$HCo(CO)_4$；

(4) 羰基亚硝酰基钴配合物，$Co(CO)_3(NO)$。

2.2.3.2 羰基钴配合物的制取

(1) 利用金属钴粉末合成羰基钴配合物。利用还原获得金属钴粉末。高压合成釜内部温度为 150~170℃，一氧化碳气体的压力为 20MPa，进行羰基合成反应，获得八羰基二钴配合物 $Co_2(CO)_8$。化学方程式为：

$$2Co + 8CO \longrightarrow Co_2(CO)_8$$

(2) 利用氧化钴为原料合成羰基钴配合物。可以直接由金属钴的氧化物合成八羰基二钴配合物 $Co_2(CO)_8$。高压合成釜内部温度 230~250℃，一氧化碳气体压力为 20MPa，制取八羰基二钴。

（3）利用钴的硫化物合成羰基钴配合物。利用钴的硫化物，在较高温度和低压一氧化碳气体条件下可以合成羰基钴配合物。其化学反应式如下：

$$2CoS + 10CO \longrightarrow [Co(CO)_4]_2 + 2COS$$

在硫化钴里面添加一些金属粉末，合成反应温度为190℃，一氧化碳气体压力为25MPa，其化学反应式如下：

$$2CoS + 2Cu + 8CO \longrightarrow [Co(CO)_4]_2 + 2CuS$$

（4）碳酸钴溶液中合成羰基钴配合物。还原-羰基化方法被广泛使用在合成八羰基二钴配合物 $Co_2(CO)_8$ 中。合成反应是在碳酸钴溶液中进行。其化学反应式如下：

$$2CoCO_3 + 2H_2 + 8CO \xrightarrow[160℃]{24MPa} Co_2(CO)_8 + 2H_2O + 2CO_2$$

利用碳酸钴 $2CoCO_3 \cdot 3Co(OH)_2 \cdot H_2O$ 做原料来合成的八羰基二钴配合物 $Co_2(CO)_8$ 统称为羰基钴配合物。这种方法可在工业规模中使用。

（5）利用钴卤化物的盐合成羰基钴配合物。利用钴卤化物的盐合成八羰基二钴配合物 $Co_2(CO)_8$，在钴卤化物的盐中添加金属还原剂（铜、银等），高压合成釜内部温度为160℃，一氧化碳气体压力为14.5MPa，可获得羰基钴配合物。

$$2CoI_2 + 8CO + 4Cu \xrightarrow[160℃]{14.5MPa} Co_2(CO)_8 + 4CuI$$

含有金属钴的卤化钴盐在铜、银存在时，在高温下与一定压力下一氧化碳合成反应，金属钴转化为四羰基钴。

$$2CoI_2 + 8CO + 4Cu \longrightarrow [Co(CO)_4]_2 + 4CuI$$

在温度为160℃，一氧化碳压力为14.5MPa，合成反应进行12h条件下，碘化钴合成反应能够进行到底。

2.2.3.3　羰基钴配合物的性质[8]

羰基钴配合物的熔点：51～52℃；沸点：52℃；水溶性：不溶于水；密度：1.81g/cm³；闪点：－13℃。纯品为橙红色的晶体，可溶于多种有机溶剂。易燃，暴露在空气中能自燃，高温分解，有毒，对皮肤、黏膜和眼睛有强烈的刺激作用。

2.3　已经获得的羰基金属配合物及性质[3,8]

在含有贵金属的一次资源中，例如铜-镍硫化矿产资源中，除了主要含有贱金属铁、钴、镍、铜等外，还有稀有金属钨、钼、锆、钽、铪及稀贵重金属铼等，在羰基法富集贵金属过程中经常会遇到这些金属。为了使用羰基法彻底分离贱金属，有必要提供元素周期表中金属羰基配合物的合成条件及性质数据，以利于富集贵金属工艺数据设计。下面为已经获得的羰基金属配合物。

2.3.1 已经获得的羰基金属配合物

目前已经合成出的羰基金属配合物有40多种，如四羰基镍（$Ni(CO)_4$）、五羰基铁（$Fe(CO)_5$）、八羰基钴（$Co_2[(CO)_4]_2$）、六羰基钼（$Mo(CO)_6$）、六羰基钨（$W(CO)_6$）、羰基铌、羰基钽等。

元素周期表中Ⅰ~Ⅴ族的所有元素、Ⅵ~Ⅷ族元素可以形成羰基金属配合物。

2.3.1.1 第Ⅰ~Ⅳ族金属元素形成的羰基金属配合物

第Ⅰ族的金属铜、银、金等金属与一氧化碳及其他元素的混合物，例如$Cu(CO)Cl$、$Cu_2(CO)_2Cl_2$、$Cu(CO)I$、$Cu(CO)Br$、$AgSO_4(CO)$、$Au(CO)Cl$、$Au(CO)Br$、$Au(CO)I$、$Au(CO)H$等代替羰基金属配合物已经合成出来；铜的羰基金属配合物$Cu_2(CO)_6$、银的羰基金属配合物$Ag_2(CO)_6$和金的羰基金属配合物$Au(CO)_6$也已经被合成出来。

在周期表中第Ⅳ族的羰基金属配合物中有羰基钛$Ti(CO)_n$、羰基锆$Zr(CO)_n$、羰基铪$Hf(CO)_n$、羰基钍$Th(CO)_7$、羰基钒$V(CO)_6$、$V_2(CO)_{12}$。

2.3.1.2 第Ⅵ族金属元素形成的羰基金属配合物

第Ⅵ族金属元素形成的羰基金属配合物有羰基钼$Mo(CO)_6$，它是Ⅵ族金属元素中的第一个羰基金属配合物；其他还有六羰基铬$Cr(CO)_6$、六羰基钨$W(CO)_6$。

2.3.1.3 第Ⅶ族金属元素形成的羰基金属配合物

第Ⅶ族金属元素形成的羰基金属配合物包括羰基锰$Mn_2(CO)_{10}$、羰基锝$Tc_2^{99}(CO)_{10}$、羰基铼$Re_2(CO)_{10}$。

2.3.1.4 第Ⅷ族金属元素形成的羰基金属配合物

第Ⅷ族金属元素形成的羰基金属配合物包括羰基铁$Fe(CO)_5$、$Fe_2(CO)_9$，羰基镍$Ni(CO)_4$和羰基钴$Co_2(CO)_8$。

2.3.2 羰基金属配合物的物理性质

羰基金属配合物的物理性质见表2-14（包括贵金属羰基配合物）。

表 2-14 羰基金属配合物的物理属性

族	羰基物	物态	颜色	温度/℃				密度/kg·m^{-3}	空气敏感度	溶解的溶剂
				升华	沸腾	融化	分解			
Ⅴ	$V(CO)_6$	固	蓝绿色	40			70		是	醚，吡啶，甲苯，苯
Ⅵ	$Cr(CO)_6$	固	无色	30	147	153	90~230	1.77	不	三氯甲烷，醚，苯，乙醇
	$Mo(CO)_6$	固	无色	40	155	148	130~400	1.96	不	醚，苯
	$W(CO)_6$	固	无色	50	175	169	140~500	2.65	不	醚，乙醇
Ⅶ	$Mn_2(CO)_{10}$	固	金黄色	50		154	110~300	1.81	弱	醚，有机溶液
	$Tc_2(CO)_{10}$	固	无色	50		159	60~70	—	不	醚，丙酮
	$Re_2(CO)_{10}$	固	无色	140		177	180~400	2.79	不	醚，乙醇
Ⅷ	$Fe(CO)$	液	淡黄色	100	103	-20	60~250	1.47	不	醚，苯汽油
	$Fe_2(CO)_9$	固	黄色	—	P	—	95~100	2.06	弱	醚，苯汽油
	$Fe_3(CO)_{12}$	固	黑绿色	60	P	—	140	2.00	弱	醚，苯
	$Ru(CO)_5$	液	无色	—	—	-20	-10~220	—	是	三氯甲烷，四氯化碳，乙醇
	$Ru_3(CO)_{12}$	固	橙黄色	—	138	-76	76~200	—	—	—
	$Os(CO)_5$	固		—	—	-15	—	—	—	—
	$Os_2(CO)_{12}$	固	淡黄色	130	—	224	—	—	不	少溶苯
	$Co_2(CO)_8$	固	橙黄色	45	P	51	25~52	1.82	是	石油，氯苯，苯，乙醇
	$Co_4(CO)_{12}$	固	黑绿色	—	P	—	60	—	是	苯
	$Rh_2(CO)_5$	固	橙黄色	—	P	76	—	—	是	—
	$[Rh(CO)_5]_x$	固	红色	—	—	—	200	—	不	—
	$Rh_6(CO)_{16}$	固	黑色	—	—	—	220	—	是	少溶苯
	$Ir_2(CO)_8$	固	绿黄色	160	—	—	100~160	—	—	—
	$[Ir(CO)_3]_x$	固	金黄色	—	—	—	210	—	不	—
	$Ni(CO)_4$	液	无色	30	43	-25	60~200	1.31	不	醚，苯，乙醇，丙酮
	$[Pt(CO)_2]_x$	固	樱桃色	—	P	—	210	3.55	是	酮，苯胺，吡啶，乙醇

2.3.3 羰基金属配合物的晶体结构

羰基金属配合物的晶体结构见表2-15。

表2-15 羰基金属配合物的晶体结构

族	羰基金属	晶型	晶格常数/nm				键长/nm		
			a	b	c	β	Me—Me	Me—C	C—O
Ⅴ	$V(CO)_6$	斜方	1.197	1.128	0.647	—	—	—	—
Ⅵ	$Cr(CO)_6$		1.172	0.627	1.089	—	—	0.180	0.113
Ⅵ	$Mo(CO)_6$		1.202	0.648	1.123	—	—	0.213	0.113
Ⅵ	$W(CO)_6$		1.190	0.642	1.127	—	—	0.230	0.113
Ⅶ	$Mn_2(CO)_{10}$	单斜	1.460	0.711	1.467	105°	0.292	—	—
Ⅶ	$Tc_2(CO)_{10}$		1.472	0.720	1.490	104°5′	0.302	—	—
Ⅶ	$Re_2(CO)_{10}$		1.470	0.715	1.491	106°	0.302	—	—
Ⅷ	$Fe(CO)_5$	单斜	1.171	0.680	9.028	107°6′	—	0.184	0.114
Ⅷ	$Fe_2(CO)_9$	六角	0.645	1.598	—	—	0.246	0.190	0.115
Ⅷ	$Fe_3(CO)_{12}$	单斜	0.888	1.133	1.714	97°9′	0.275	—	—
Ⅷ	$Ru_3(CO)_{12}$	单斜	$a:b:c$=0.055:0.100:0.0986			104°4′	—	—	—
Ⅷ	$Os_3(CO)_{12}$	单斜	0.810	1.479	1.464	100°27′	0.288	0.195	0.114
Ⅷ	$Co_2(CO)_8$	—	—	—	—	—	0.254	—	—
Ⅷ	$Co_4(CO)_{12}$	斜方	1.166	0.894	1.714	—	0.250	—	—
Ⅷ	$Rh_6(CO)_{16}$	单斜	1.700	0.978	1.753	121°45′	0.278	0.186	0.116
Ⅷ	$Ni(CO)_4$	立方	1.084	—	—	—	—	0.184	0.115

2.3.4 羰基金属配合物的电子配位

羰基金属配合物的电子配位见表2-16。

表 2-16 羰基金属配合物的电子配位

周期	电子配位	元素族		
		Ⅳ	Ⅴ	Ⅵ
4	氩气电子配位 ($1s^2 2s^2 2p^6 3s^2 3p^2$)	$Ti(sd^2 4s^2)$	$V(3d^3 4s^2)$	$Cr(3d^5 4s)$
		$Ti(CO)_7$	$V(CO)_6$ $V_2(CO)_{12}$	$Cr(CO)_6$
5	氪气电子配位 ($Ar + 3d^{10} 4s^2 4p^6$)	$Zr(4d^2 5s^2)$	$Nb(4d^2 5s)$	$Mo(4d^5 5s)$
		$Zr(CO)_7$	$Nb_2(CO)_{12}$	$Mo(CO)_6$
6	氙气电子配位 ($Kr + 4d^{10} 5s^2 5p^6$)	$Hf(4d^{14} 5d^2 6s^2)$	$Ta(4f^{14} 5d^3 6s^2)$	$W(4f^{14} 5d^4 6s^2)$
		$Hf(CO)_7$	$Ta_2(CO)_{12}$	$W(CO)_6$
7	氡气电子配位 ($Xe + 4f^{14} 5d^{10} 6s^2 6p^6$)	$Th(6d^2 7s^2)$	$Pa(5f^2 6d 7s^2)$	$U(5f^3 6d 7s^2)$
		$Th(CO)_7$	$Pa_2(CO)_{12}$	$U(CO)_6$

周期	电子配位	元素族				
		Ⅶ	Ⅷ			Ⅰ
4	氩气电子配位 ($1s^2 2s^2 2p^6 3s^2 3p^2$)	Mn ($sd^5 4s^2$)	Fe ($3d^6 4s^2$)	Co ($3d^7 4s^2$)	Ni ($3d^8 4s^2$)	Cu ($3d^{10} 4s$)
		$Mn(CO)_{12}$	$Fe(CO)_5$ $Fe(CO)_9$ $Fe(CO)_{12}$	$Co_2(CO)_8$ $Co_4(CO)_{12}$	$Ni(CO)_4$	$Cu(CO)_6$
5	氪气电子配位 ($Ar + 3d^{10} 4s^2 4p^6$)	Tc ($4d^6 5s$)	Ru ($4d^7 5s$)	Rh ($4d^8 5s$)	Pd ($4d^{10}$)	Ag ($4d^{10} 5s$)
		$Tc_2(CO)_{10}$ $Tc_3(CO)_{12}$	$Ru(CO)_5$ $Ru_2(CO)_9$ $Ru_3(CO)_{12}$ $[Ru(CO)]_x$	$Rh_2(CO)_8$ $Rh_4(CO)_{12}$ $Rh_6(CO)_{16}$ $[Rh_2(CO)_3]_x$ $[Rh_4(CO)_{11}]_x$	$Pd(CO)_4$	$Ag_2(CO)_6$
6	氙气电子配位 ($Kr + 4d^{10} 5s^2 5p^6$)	Re ($4f^{14} 5d^5 6s^2$)	Os ($4f^{14} 5d^6 6s^2$)	Ir ($4f^{14} 5d^7 6s^2$)	Pt ($4f^{14} 5d^9 6s$)	Au ($4f^{14} 5d^{10} 6s$)
		$Re_2(CO)_{10}$	$Os(CO)_5$ $Os_2(CO)_5$ $Os_3(CO)_5$	$Ir_2(CO)_8$ $Ir_4(CO)_{12}$ $[Ir_2(CO)]_x$	$Pt(CO)_4$ $[Pt(CO)_2]_x$	$Au_2(CO)_6$

参 考 文 献

[1] Бёлозерский Н А, Карбонилй Металлов. Москва: Научно. тёхничесоеиздательства, 1958: 311~347.

[2] БСыркин. Карбонильные Металлы Москва: Метллургия, 1978: 107~109.

[3] БСыркин. Карбонильные Металлы Москва: Метллургия, 1978: 106~107, 102~128.

[4] Joseph R. The Winning of Nickel, 1967: 374~383.

[5] 冶金工业部情报研究所, 国外有色冶金工厂. 镍与钴 [M]. 北京: 冶金工业出版社, 1975: 13~15.

[6] 滕荣厚, 等. 诸因素对铜-镍合金羰基化的影响 [J]. 钢铁研究总院学报, 1983 (1): 37~42.

[7] 何焕华, 等. 中国镍钴冶金 [M]. 北京: 冶金工业出版社, 2000: 621~632.

[8] 滕荣厚, 赵宝生. 羰基法精炼镍及安全环保 [M]. 北京: 冶金工业出版社, 2017: 1~9.

[9] 滕荣厚, 赵宝生. 羰基法精炼铁及安全环保 [M]. 北京: 冶金工业出版社, 2019: 11~19, 25~28.

3 贵金属羰基配合物的制取及特性[1~5]

本章叙述了贵金属（金、银和铂族钌、铑、钯、锇、铱、铂）羰基配合物制取的基本原理、合成反应条件及工艺流程；介绍了贵金属羰基配合物的基本特性。这些重要的数据信息为含有贵金属的一次资源及二次资源的综合利用、羰基法富集及羰基法精炼贵金属工艺提供了非常实用的科学依据。以下各节分别叙述贵金属羰基配合物的制取及特性。

3.1 羰基金和羰基银配合物

截至目前，还没有获得金元素与一氧化碳气体形成的羰基金配合物。但是科学家依据金元素的电子结构预测在不久的将来会合成出羰基金配合物。该配合物应该称为六羰基二金配合物，分子式为 $Au_2(CO)_6$。因此，有必要找到在卤化物和一些其他配体存在条件下，使CO与金属配体的化学键在非常稳定的条件下，发生合成卤化羰基金配合物反应的可能性。如 $Au(CO)Cl$、$Au(CO)Br$、$Au(CO)I$、$Au(CO)H$。氯化羰基金配合物的种类及性质见表3-1。

表3-1 氯化羰基金配合物的种类及性质

性质	羰基金配合物种类				
	六羰基二金配合物	氯化羰基金配合物	溴化羰基金配合物	碘化羰基金配合物	氢化羰基金配合物
分子式	$Au_2(CO)_6$	$Au(CO)Cl$	$Au(CO)Br$	$Au(CO)I$	$Au(CO)H$
状态	预测羰基金形式	无色晶体			
升华温度/℃					
融化温度/℃					
分解温度/℃		223			
溶解		溶于水，溶解于苯、无水乙醚、醋酸			
敏感性		见光分解；对空气、湿度非常敏感			

3.1.1 氯化羰基金配合物

3.1.1.1 氯化羰基金配合物制取

目前，利用干燥的一氧化碳气体与无水的氯化金混合作为合成原料，在45~55℃下蒸馏该混合物，能够制取到一种氯化羰基金配合物 AuCOCl。获得氯化羰基金配合物化学反应如下：

$$AuCl_3 + CO \longrightarrow AuCOCl + Cl_2$$

当温度高于110℃时合成反应会加速，但是氯化金会被还原成金属，结果羰基金合成反应会停止。

$$2AuCl_3 \longrightarrow 2Au + 3Cl_2$$

形成氯化羰基金配合物的最佳温度应该控制在低于95℃。

利用干燥的一氧化碳与10%氯的混合气体首先使金形成无水氯化金 $AuCl_3$，然后再在温度为115~120℃时进行合成反应，可获得氯化羰基金AuCOCl。在合成反应过程中向混合气体中添加氯气可以抑制氯化金属的还原反应，但是此时会生成大量的光气，而氯化羰基金配合物的收率却很低。

在75℃时利用一氧化碳气体与氯化金进行反应也可以获得氯化羰基金配合物。

$$AuCl + CO \longrightarrow AuCOCl$$

氯化羰基金配合物形成的速度很快，但随后会更快将氯化金还原为金属。

如果在室温下使干燥的一氧化碳通入含有氯化金配合物的苯悬浮液，则会观察到黄色 AuCl 晶体出现，同时也会在浓缩的溶液中出现无色晶体氯化羰基金 AuCOCl。在没有水分的情况下，产品收率接近100%。

当一氧化碳通过氯化金在氯代烃中的溶液或悬浮液（例如在四氯乙烯中的温度为100~140℃）时，氯化金会还原为氯化物，同时光气释放。

$$AuCl_3 + CO \longrightarrow AuCl + CO + Cl_2$$

此时，氯化金立刻形成氯化羰基金配合物。在温度低于100℃时，合成反应明显加快。

$$AuCl_3 + CO \longrightarrow AuCl + CO + Cl_2 \longrightarrow AuCOCl + Cl_2$$

由于无法还原氯化金成金属，以及由于已经形成的配合物迅速分解，导致获得的氯化羰基金配合物的产量非常低。

$$2AuCOCl \longrightarrow 2Au + CO + COCl_2$$

产品产量随着从高温区离开的速度增加，同时随着一氧化碳压力的增加明显提高；但是氯化羰基金配合物最大收率很少会超过20%。

如果以 $AuCl_3 \cdot CsCl$ 为原料与一氧化碳气体进行合成反应，反应的温度一定要高于120℃。在该温度下大量 $AuCl_3 \cdot CsCl$ 盐将被还原及分解成金属金，这样才能够形成一定量的羰基配合物。

3.1.1.2 氯化羰基金配合物特性

通过对氯化羰基金配合物分析，得到该配合物含有的成分比例：Au∶CO∶Cl=1∶1∶1，由此可以断定该配合物的组成与下式相对应AuCOCl。

氯化羰基金配合物的晶体无色，最初为明亮晶体，长度为几毫米，它们具有很强的光折射特性，对水和空气湿度非常敏感。该配合物见光分解；当溶于水时，会沉淀出金，同时形成金盐，它会从蓝色变成红色。

氯化羰基金配合物的分子量在苯溶液中测得是223，而计算值是260。测得的差异可以通过苯溶液中存在一定量的光气或该物质的部分分解来解释。

$$AuCOCl \rightleftharpoons AuCl + CO$$

氯化羰基金配合物在真空条件时会逐渐失去一氧化碳气体，在加热时会逐渐分解。氯化羰基金配合物溶解于苯、无水乙醚、醋酸；在丙酮溶液中观察到配合物的某些分解，可能是由于存在水分痕迹；在苯中测试了氯化羰基金配合物与一系列不同试剂的相互作用。

从表3-2中可以看到酰胺、酰亚胺物质非常明显地不与氯化羰基金配合物反应。含有氮的配合物会取代其中的一氧化碳并形成相应的配合物。用酒精代替黄金，使用格利雅试剂时羰基会生成2倍的烃，并释放出一氧化碳。该配合物无冷凝产品或没有观察到金的形成（见表3-3）。

表3-2 氯化羰基金配合物与苯溶液反应

反应	反应产物
吡啶	$AuCl \cdot C_5H_5N+CO$
六亚甲基四胺	$AuCl \cdot (CH_2)_2N_4+CO$
苯胺	无反应
尿素	无反应
三氯化磷	$AuCl \cdot PCl_3+CO$
碘化钾	$AuI+KCl+CO$
氯化金	$AuCl+COCl_2$

续表 3-2

反　　应	反　应　产　物
水	$2Au+CO+CO_2+2HCl$
乙酸	不反应
二乙基汞	$Au+C_6H_5 \cdot HgCl+?$
二苯基汞	$Au+C_6H_5HgCl+?$
碘	AuI
溴（在氯仿中）	$AuClBr_2+CO$

表 3-3　氯化羰基金与格氏试剂反应

反应试剂	产品	产出率/%	熔化温度/℃
5mol C_6H_5MgBr+1mol AuCOCl	联苯	106	70
5mol O-C_7H_7MgBr+1mol AuCOCl	二甲苯基	61.3	液体
5mol P-C_7H_7MgBr+1mol AuCOCl	二对甲苯基	91.5	118
5mol C_7H_7MgBr+1mol AuCOCl	二苯甲酰基	70	52
5mol $C_{10}H_7 \cdot MgBr$+1mol AuCOCl	α 地那萘啶	708	151
5mol $C_6H_5 \cdot MgBr$+1mol AuCOCl	二苯基	70.1	70

3.1.2　羰基银配合物

在玻璃管中用干燥的一氧化碳处理纯净的银时观察不到反应迹象，但在500~550℃，反应4h内结束后结果出现了黄绿色蓬松或纤维状的粉尘。在以同样物质参加合成反应时，在温度300℃，合成反应进行24h后也会显示出相同反应的迹象。有3.6%的一氧化碳分解，形成二氧化碳和生成的配合物溶于发烟的硝酸中，留下大量的絮状碳沉淀物。根据 Бертло 的说法，该物质为羰基银配合物。

利用硫酸银水溶液来吸收一氧化碳气体，从定量的角度看，吸收率随浓度和溶液的增加而增加。在发烟硫酸溶液中，添加磷酸酐并降低温度，可添加超过50%的 SO_3，每 1mol CO 加 1mol $AgSO_4$，在此过程中会形成 $AgSO_4 \cdot CO$。

参考铁和钴的氢化羰基配合物的描述，可以得出结论：利用铁和钴的氢化羰基配合物的描述，能够计算出形成混合的羰基银配合物或氢化羰基银配合物数据。在这些配合物中，银原子不是与一氧化碳中的碳原子键合，而是与一氧化碳分子的氧原子直接化学键合。尽管科学界对羰基银配合物的生成理论做了非常深入的研究，但是到目前还没有获得羰基银配合物。

3.2　羰基钌配合物

3.2.1　羰基钌配合物种类及性质

到目前为止已经获得10种羰基钌配合物，其中包括金属钌与一氧化碳形成的羰基钌配合物，还有卤化羰基钌配合物。羰基钌配合物的种类及性能分别见表3-4和表3-5。五、九、四、二、十二羰基钌配合物种类及性质见表3-4。表3-5为卤化羰基钌配合物种类和性质。

表3-4　羰基钌配合物种类及性质

性质	羰基钌配合物种类				
	五羰基钌配合物	九羰基钌配合物	四羰基钌配合物	二羰基钌配合物	十二羰基钌配合物
分子式	$Ru(CO)_5$	$Ru_2(CO)_9$	$[Ru(CO)_4]_x$	$Ru(CO)_2$	$Ru_3(CO)_{12}$
状态	晶体无色	从橙红色到绿黄色二向色性	绿红晶体	针状黄橙色	
升华温度/℃					
融化温度/℃	-20				
分解温度/℃	-10~220	150			
溶解	三氯甲烷，四氯化碳，醇	不溶于水	吡啶	水和乙醇	

表3-5　卤化羰基钌配合物种类和性质

性质	卤化羰基钌配合物种类			
	二氯化二羰基钌配合物	二溴化二羰基钌配合物	溴化羰基钌配合物	二碘化二羰基钌配合物
分子式	$Ru(CO)_2Cl_2$	$Ru(CO)_2Br_2$	RuCOBr	$Ru(CO)_2I_2$
状态	柠檬黄	淡柠檬黄	无色晶体组成	红黄结晶超细粉末
升华温度/℃				
融化温度/℃				
分解温度/℃	210	350~400	200	
溶解	不溶于水和有机溶剂	不溶解在水和有机配合物溶液中	醇	不溶于水及有机物溶剂

3.2.2 五羰基钌配合物 $Ru(CO)_5$

3.2.2.1 五羰基钌配合物 $Ru(CO)_5$ 性质

五羰基钌配合物 $Ru(CO)_5$ 是无色的晶体，容易挥发，五羰基钌配合物蒸汽也是无色的。将它冷却到-100~-80℃时，可结晶出无色的晶体。

在真空条件下，温度-22℃时晶体融化为透明的液体，呈现橘黄色五羰基钌配合物（含有杂质铁）$Ru(CO)_5$。

在-30℃五羰基钌配合物晶体开始蒸发，此时蒸气压达到了可以测量显著值；在18℃时，五羰基钌配合物蒸气压等于50mmHg[1]（50мм рт. ст.）。

科学家通过热分解五羰基钌配合物，测量形成的一氧化碳体积数量，来测定晶体组成。晶体中 Ru：CO=1：3.95。五羰基钌配合物晶体对光非常敏感；在低温下有点融化，融化后分解出来一氧化碳。五羰基钌配合物稍有融化便分解，从发黄的液体中逐渐沉淀出橙色的九羰基钌配合物晶体；晶体在阳光直射时会极速分解。

在15℃时五羰基钌配合物开始迅速分解。当温度达到18℃时，大约5min后就会有大量的五羰基钌配合物转化为九羰基钌配合物，覆盖在反应器壁上；但覆盖在反应壁上的九羰基钌配合物也会逐渐分解，会在几个小时后分解结束。在50℃时九羰基钌配合物的分解反应几乎立即进行，在此过程中可能会形成并产生一定量绿色的四羰基钌配合物 $Ru(CO)_4$。

五羰基钌配合物在阳光下开始融化，加热会融化更快，融化后的溶液转变成黄色九羰基钌配合物 $Ru_2(CO)_9$。

五羰基钌配合物蒸汽与一氧化碳气体混合物通过炽热的玻璃管时会得到黄色的贵金属铑。当贵金属铑沉积在玻璃表面时会呈现光辉的镜面薄膜。在加热氯气与一氧化碳气体混合气体时（4：1），金属钌非常容易形成中间体氯化羰基铑配合物（$Ru(CO)_2Cl_2$），此配合物很快蒸发，然后变成 $RuCl_3$。

五羰基钌配合物被加热到220℃时，会分解出金属钌和一氧化碳气体；五羰基钌配合物在真空中可能会完全蒸发，并在温度降低到-23℃时再次冷凝，其蒸汽会变成无色结晶体。

五羰基钌配合物既不溶解于水，也不会在水中分解。它容易溶解在苯、酒精、汽油、氯仿和四氯化碳等中，它的溶液是无色的。

溴溶液和五羰基钌配合物在四氯化碳中混合时不能够进行化学反应。如

[1] 1mmHg=133.3224Pa。

果将五羰基钌配合物浓缩在溴溶液里会立刻发生化学反应，形成白色的令人窒息的气体；在溶液干燥之后，有溴残留在 Ru(CO)Br 产品上。

若在五羰基钌配合物蒸汽里混合有一定量的一氧化碳气体，混合气体通入苯类溶液时苯类溶液会瞬间变色，呈现出类似碘溶液的颜色。非晶态棕色五羰基钌配合物的沉淀物不能够溶解在有机溶液中。

当气态的五羰基钌配合物进入浓度为 50%氢氧化钠溶液时，溶液立刻变为棕红色，同时五羰基钌配合物被还原。五羰基锇配合物进入氢氧化钾碱性的溶液时，五羰基钌配合物会生成羰基钾化合物。

$$Ru(CO)_5 + 4KOH \longrightarrow K_2Ru(CO)_4 + KCO_3 + 2H_2O$$

当五羰基钌配合物刚溶解在钠重晶石中时是无色的，但经过 1~2 天后变成绿色，然后逐渐变成棕色，同时分离出金属钌。

五羰基钌配合物的蒸汽即使在-30℃时也没有可能将五羰基钌配合物与气相完全分离。如果用液氮将气体冻结，五羰基钌配合物会与一氧化碳气体一起冷凝。五羰基钌配合物加热蒸发后，一氧化碳和五羰基钌配合物混合进入气相。一氧化碳气体与五羰基钌配合物混合燃烧时会发出灿烂的火焰。

3.2.2.2　五羰基钌配合物制取

A　利用金属钌制取羰基钌配合物

蒙德利用金属钌粉末在高压釜中将一氧化碳气体加压到 35~45MPa，当温度为 300℃时，金属钌元素与一氧化碳进行合成反应，生成橘黄色羰基钌配合物（含有杂质铁）$Ru(CO)_5$。

蒙德制取羰基钌配合物 $Ru(CO)_5$ 之后，利用流动性好、细的金属钌粉末为原料。在高压釜中加热到 180℃，一氧化碳压力为 20MPa。形成容易挥发、无色羰基钌配合物 $Ru(CO)_5$。因为金属钌粉末的表面上被吸附羰基钌配合物的膜薄覆盖，隔离了一氧化碳与金属钌的接触表面。所以，即使温度升高到 400℃、一氧化碳的压力升高为 70MPa 的情况下，合成反应也很快停止。为了提高产量，必须对处在金属钌颗粒表面形成的五羰基钌配合物进行频繁脱附的处理。为此，需要定期从高压釜中排出一氧化碳和五羰基钌配合物混合气体，使得金属钌活性表面能够再次暴露。新鲜一氧化碳气体加入后，五羰基钌配合物合成反应继续进行。通过低温条件下冷凝从高压反应釜出来的混合气，使五羰基钌配合物蒸汽被冷凝，获得五羰基钌配合物。

B　利用碘化钌 RuI_3 制取五羰基钌配合物

在通常大气压下，利用碘化钌 RuI_3 与铜或银粉混合物料，在温度为 170℃条件下，通入一氧化碳气体进行合成反应，可形成五羰基钌配合物。

在合成反应达到平衡时金属钌完全消失，因此，可以得出结论，合成反应是在中间体形成羰基碘化物（$Ru(CO)_2I_2$、$Ru(CO)_xI$）的情况下进行的，而不是通过将碘化钌还原为金属来进行的。

在常压一氧化碳气体，反应釜内温度为170℃时，在二碘化二羰基钌配合物 $Ru(CO)_2I_2$ 中，混合5倍的铜和银粉末时会生成五羰基钌配合物 $Ru(CO)_5$；当反应温度达到100℃和一氧化碳压力为25MPa时，该合成反应更快、更彻底成功。

在一氧化碳气体加压条件下，以碘化钌为原料，原料中掺入铜粉末或者银粉末混合后，高压釜加热到100℃，一氧化碳压力为20~25MPa时进行合成反应可获得五羰基钌配合物。

$$RuI_2 + 3Cu + 8CO \longrightarrow Ru(CO)_5 + 3CuCOI$$

另外，在碘化钌中混合5倍量的银，在温度为170℃，一氧化碳气体压力为45MPa时，进行的合成反应不但速度加快，而且还可以获得更高的五羰基钌配合物的收得率。但是在此条件下经过24h后，五羰基钌配合物的一部分会变成九羰基钌配合物 $Ru_2(CO)_9$。

从钌的碘化物制取羰基钌配合物要经过如下步骤：

$$RuI_3 + Cu + 3CO \longrightarrow Ru(CO)_2I_2 + CuCOI$$

$$Ru(CO)_2I_2 + Cu + (X-1)CO \longrightarrow Ru(CO)_xI + CuCOI$$

$$Ru(CO)_xI + Cu + (6-X)CO \longrightarrow Ru(CO)_5 + CuCOI$$

$$CuI_3 + 3Cu + 8CO \longrightarrow Ru(CO)_5 + 3CuCOI$$

$$Ru(CO)_2I_2 + 2Cu + 5CO \longrightarrow Ru(CO)_5 + 2CuCOI$$

3.2.3 九羰基二钌配合物 $Ru_2(CO)_9$

3.2.3.1 九羰基二钌配合物 $Ru_2(CO)_9$ 性质

九羰基二钌配合物是艳橙色的晶体，外观与九羰基铁相似，在显微镜下观看像六角形的黄绿色树叶子形状，也可以呈现橙色的棱镜和针形；这是类似单核棱柱形六边形晶体。晶轴的比例为 $a:b:c=0.5486:1:0.9861$；$\beta=100°46'$。它们具有从橙红色到绿黄色的二向色性。通过燃烧和分解九羰基二钌配合物确定Ru和CO的组成为：44.8%~45.4%Ru和23.1%~23.2%CO，该比例关系接近理论值。

在空气液态化的温度下九羰基二钌配合物晶体为柠檬黄色；随着温度升高，颜色变为橙色。

在通常状态的空气和阳光下，九羰基二钌配合物晶体是稳定的；但是在空气中加热到150℃时会发生分解；在真空中加热到200℃时也会分解；在100℃的氧气中会发生爆炸并完全分解；在空气中会慢慢地发生燃烧。

九羰基二钌配合物不溶于水，在许多有机溶剂，如醇、酯、丙酮、氯仿、四氯化碳、苯类、汽油、乙酸酐、甲苯、二甲苯、萘环己醇及其他有机溶液中呈现稳定的黄色溶液。在138℃沸腾二甲苯溶液中不会发生变化。在乙酸中，阳光照射下大约0.5h黄色溶液变成淡紫色，即使煮沸几个月也不会改变。

九羰基二钌配合物在光照和加热条件下在吡啶中稳定；九羰基二钌配合物溶解在溴中也会释放出一氧化碳气体；在溴和盐酸中即使煮沸也不会与九羰基二钌配合物发生作用；在低温时，硝酸将会溶解九羰基二钌配合物，并释放出一氧化碳。首先，黄色溶液脱色，然后变成酒红色。硫酸可溶解九羰基二钌配合物而不会分解，但呈黄绿色。将该溶液冷却至0℃时九羰基二钌配合物也保持不变。用硫酸强烈加热，可形成无色溶液。对于氨水，即使加热，九羰基二钌配合物也不会反应。

缓慢加热九羰基二钌配合物时会有氮氧化物占据九羰基二钌配合物中的一氧化碳基团，所得产物由$Ru(NO)_4$或$Ru(NO)_5$组成。该物质被加热到100℃时，九羰基二钌配合物晶体表面上会发生取代反应；如果继续加热到148℃，九羰基二钌配合物会开始发生快速的分解，并以黑色薄片的形式释放出金属钌。

九羰基二钌配合物有时以晶体形式获得，有时以无定形物质形式获得。由于在水中和大多数有机溶剂中完全不溶，因此无法重结晶。

3.2.3.2 九羰基二钌配合物$Ru_2(CO)_9$制取

（1）利用金属钌为原料制取$Ru_2(CO)_9$。在高压釜内温度为300℃，一氧化碳压力为35~40MPa，利用金属钌粉末与一氧化碳直接进行合成反应，会获得橘黄色的九羰基二钌配合物。合成反应如下：

$$2Ru + 9CO \longrightarrow Ru_2(CO)_9$$

（2）利用五羰基钌配合物转化。五羰基钌配合物在其熔点以上或在阳光的影响下会裂解出一氧化碳并转化成九羰基二钌配合物。在50℃时，该反应会立即定量进行。

$$2Ru(CO)_5 \longrightarrow Ru_2(CO)_9 + CO$$

将五羰基配合物放进苯类和一氧化碳的混合后一氧化碳气体完全被吸

收，马上获得九羰基二钌配合物，并且在水浴中加热时溶液变为橘红色。

（3）合成五羰基钌配合物的副产品。有时少量形成九羰基二钌配合物是作为副产品。例如，在银的存在下，从碘化钌形成五羰基钌配合物时该合成反应得到的副产品是九羰基二钌配合物。从残余物苯中萃取可获得九羰基二钌配合物。

3.2.4 四羰基钌配合物 $[Ru(CO)_4]_x$

3.2.4.1 四羰基钌配合物 $[Ru(CO)_4]_x$ 性质

四羰基钌配合物为深绿色针状晶体，在存放的过程中会逐渐变为红色，四羰基钌配合物在浓盐酸中会变成浅黄色溶液，在轻微加热时会产生类似沸腾的溶液，在用冰冷却后会从溶液中结晶出无定形的绿色四羰基钌配合物。

在吡啶中四羰基钌配合物形成绿色溶液，四羰基钌配合物不溶于苯、醚、甲苯，但在吡啶、亚硫酸盐和冰醋酸中溶解为绿色，在阳光下乙酸溶液变成紫色。

3.2.4.2 四羰基钌配合物 $[Ru(CO)_4]_x$ 制取

当 $Ru(CO)_5$ 分解时，形成呈彩虹的绿红色四羰基钌配合物，其中混有九羰基二钌配合物。四羰基在许多方面与铁类似。

3.2.5 二羰基钌配合物 $Ru(CO)_2$

3.2.5.1 二羰基钌配合物 $Ru(CO)_2$ 性质

二羰基钌配合物 $Ru(CO)_2$ 为黄橙色针状晶体。该物质不溶于苯，易溶于水和乙醇；当蒸发水溶液时二羰基钌配合物再次沉淀，不溶于盐酸，但溶于硝酸和水并释放出 CO。

3.2.5.2 二羰基钌配合物 $Ru(CO)_2$ 制取

曼肖和恩克利用黑色钌粉末为原料，在高压釜中加热温度为 180℃、一氧化碳压力为 20MPa 时进行合成反应，生成黄橙色的针状体 $Ru(CO)_2$。

同样的原料，在高压釜内温度为 250～300℃，一氧化碳压力为 35～45MPa，高压釜合成反应 50h 后获得无定形橙黄色或棕色二羰基钌配合物 $Ru(CO)_2$。

3.2.6 十二羰基三铑配合物 $Ru_3(CO)_{12}$ 的性质及制取

十二羰基三铑配合物 $Ru_3(CO)_{12}$ 为晶体，需闭光保存。

3.2.6.1　利用 $RuOHCl_3$ 和 $NaC_3H_7O_2$ 原料制取 $Ru_3(CO)_{12}$

在 1972 年 А. В. Медведевой 与同事利用 $RuOHCl_3$ 和 $NaC_3H_7O_2$ 在一氧化碳气体压力为 23～24MPa、温度为 160～170℃条件下进行合成反应，获得十二羰基三铑配合物。

$$RuOHCl_2 + 3NaC_5H_7O_2 \longrightarrow RuOH(C_5H_7O_2)_3 + 3NaCl$$

$$3RuOH(C_5H_7O_2)_3 + 12CO + 6H_2 \longrightarrow Ru_3(CO)_{12} + 9C_5H_8O_2 + 3H_2O$$

以 $RuOHCl_2$ 原料时，十二羰基三钌配合物合成率为 50%～65%。分析结果为 22.23%C、47.70%Ru；计算结果为 22.53%C、47.43%Ru。

3.2.6.2　利用碘化钌化合物制取 $Ru_3(CO)_{12}$

将碘化钌化合物与铜粉末或者银粉末混合后在高压釜内进行合成反应，反应在 100℃、一氧化碳压力 20～25MPa 条件下进行。羰基合成过程中，第一步反应获得五羰基钌配合物；随后五羰基钌配合物进行光化学反应后，才获得十二羰基三铑配合物。

$$RuI_2 + 3Cu + 8CO \longrightarrow Ru(CO)_5 + 3CuCOI$$

在光的照射下，或者通过加热五羰基钌配合物，就会获得三核心羰基物——十二羰基三铑配合物。

$$3Ru(CO)_5 \longrightarrow Ru_3(CO)_{12} + 3CO$$

3.2.6.3　利用钌粉末原料制取 $Ru_3(CO)_{12}$

利用钌粉末原料，在高压釜内将一氧化碳气体加压到 45MPa、温度 300℃进行合成反应，可以获得 $[Ru(CO)_2]_x$，在不太严格较低温度条件下，获得 $[Ru(CO)_4]_x(x=3)$ 三核的羰基钌配合物，实际是十二羰基三钌配合物。

3.2.7　五羰基钌配合物

五羰基钌配合物制取：以二碘化钌化合物与铜粉末或者银粉末混合物为原料在高压釜中进行合成反应，反应在 100℃、一氧化碳压力 20～25MPa 条件下获得五羰基钌配合物。

$$RuI_2 + 3Cu + 8CO \longrightarrow Ru(CO)_5 + 3CuCOI$$

3.2.8　二氯化二羰基钌配合物 $Ru(CO)_2Cl_2$

3.2.8.1　二氯化二羰基钌配合物 $Ru(CO)_2Cl_2$ 性质

二氯化二羰基钌配合物为柠檬黄色，具有挥发性；二氯化二羰基钌配合物稳定而牢固地保留了 CO，不溶于水和有机溶剂。

在一氧化氮气氛中加热时，一氧化碳可能被取代形成 $Ru(CO)_2NO_2$，添加甲醇可加速转化。在加热时，该配合物分解并释放出黑色钌粉末残留物。

在真空的情况下加热，会导致二氯化二羰基钌配合物分解为钌、氯和一氧化碳，故可获得金属镜，该金属镜可用作保护涂层。

3.2.8.2 二氯化二羰基钌配合物 $Ru(CO)_2Cl_2$ 制取

A 利用无水 $RuCl_3$ 为原料制取 $Ru(CO)_2Cl_2$

在反应器内通入一氧化碳气体后，将无水 $RuCl_3$ 加热到210℃以上时，无水 $RuCl_3$ 将与一氧化碳气体进行合成反应，形成柠檬黄色挥发性产物二氯化二羰基钌配合物 $Ru(CO)_2Cl_2$，在270℃时，该合成反应更快。但在高于270℃的温度下，随着二氯化二羰基钌配合物形成的加速，发生反向分解反应，该反应通过光气裂解而发生。

$$2RuCl_3 + 5CO \rightleftharpoons 2Ru(CO)_2Cl_2 + COCl_2$$

$$2Ru(CO)_2Cl_2 \rightleftharpoons Ru + Ru(CO)_2 + COCl_2$$

B 利用金属钌粉末为原料制取 $Ru(CO)_2Cl_2$

利用一氧化碳气体和氯气混合气体（$CO + Cl_2$）与金属钌粉末在360℃以上时，相互作用，产生合成反应，也可能得到 $Ru(CO)_2Cl_2$。

C 利用 $RuCl_2$ 制取 $Ru(CO)_2Cl_2$

在合成反应器中将反应器内部加热到210℃，一氧化碳与 $RuCl_2$ 相互作用形成二氯化二羰基钌配合物 $Ru(CO)_2Cl_2$。

$$RuCl_2 + 2CO \longrightarrow Ru(CO)_2Cl_2$$

3.2.9 二溴化二羰基钌配合物 $Ru(CO)_2Br_2$

如果在一氧化碳气流中加热三溴化钌，然后在220℃开始升华，可获得浅橙色成分二溴化二羰基钌配合物 $Ru(CO)_2Br_2$ 产品。反应在270~290℃进行的最完全。随着温度进一步升高至350~400℃，产物发生部分分解。

尽管添加了甲醇蒸汽后反应会大大加速并达到几乎完全转化，通过升华获得二溴化二羰基配合物，但很难实现完全、彻底地合成二溴化二羰基钌配合物的反应。

在热分解二溴化二羰基钌配合物时会有 $Ru(CO)Br$ 产生。在混合的一氧化碳与溴气体下加热 $Ru(CO)Br$ 时可获得二溴化二羰基钌配合物。

$$2Ru(CO)Br \longrightarrow Ru(CO)_2Br_2 + Ru$$

二溴化二羰基钌配合物不溶解在水和有机配合物溶液中，在氧气中燃烧时，该物质会生成二氧化碳的同时，还能够还原银的氨溶液。

二溴化二羰基钌配合物在一氧化氮气氛下，当温度高于 190℃时可释放出一氧化碳气体。

$$Ru(CO)_2Br_2 + NO \rightleftharpoons RuNOBr_2 + 2CO$$

3.2.10　溴化羰基钌配合物 RuCOBr

3.2.10.1　溴化羰基钌配合物 RuCOBr 性质

RuCOBr 产品为立方无色晶体，加热至 200℃时，可分解为钌和二溴二羰基钌配合物，在有一氧化氮气体存在，加热到 220℃时，RuCOBr 中的一氧化碳被一氧化氮取代,转化为 RuNOBr 化合物。在氮气下加热 RuCOBr 配合物时会分解为二溴二羰基钌配合物和金属钌;同样在一氧化碳中加热 RuCOBr 配合物到200℃时，可观察到类似的分解反应，并放出一氧化碳气体，金属钌沉积形成金属镜。RuCOBr 配合物在醇中的溶解微不足道,且在醇溶液中结晶期间被部分分解。

3.2.10.2　溴化羰基钌配合物 RuCOBr 制取

利用三溴化钌化合物为原料制取 RuCOBr。

在高压釜内温度高于 120℃、一氧化碳气体压力为 35MPa 时，利用三溴化钌化合物为原料进行合成反应，将会获得溴化羰基钌配合物。合成反应式如下：

$$RuBr_3 + CO \longrightarrow Ru(CO)Br + Br_2$$

在高压釜中装溴与金属钌原料，加热温度为 185～188℃，经过 8h 合成反应后，参加反应原料可完全转化为三溴化钌。三溴化钌化合物是合成溴化羰基钌配合物 RuCOBr 的原料。

3.2.11　二碘化二羰基钌配合物 $Ru(CO)_2I_2$

3.2.11.1　二碘化二羰基钌配合物 $Ru(CO)_2I_2$ 性质

该配合物吸潮，不溶于水及有机物溶剂，在氧气中燃烧后生产碘和二氧化碳，残留二氧化钌，形成二碘化二羰基钌配合物的化学反应是稳定的，发烟的盐酸在加热时会稍微破坏它，强烈加热的硫酸会慢慢取代碘。

3.2.11.2　二碘化二羰基钌配合物 $Ru(CO)_2I_2$ 制取

A　利用三碘化钌制取 $Ru(CO)_2I_2$

在一氧化碳气体中缓慢地加热三碘化钌到 250℃时二碘化二羰基钌配合物就形成了。实际上在碘蒸汽存在的条件下，合成反应在 70℃就开始了。

$$2RuI_3 + 4CO \longrightarrow 2Ru(CO)_2I_2 + I_2$$

1g RuI_3 化合物在不到 0.5h 的时间内即可完全转化为二碘二羰基钌配合物。

B 利用九羰基二钌配合物为原料制取 $Ru(CO)_2I_2$

在密封的反应器里温度加热到 250℃ 时，游离卤素碘与九羰基二钌配合物相互作用 6h 后，可得到二碘化二羰基钌配合物 $Ru(CO)_2I_2$。通过蒸馏除去多余的碘，用苯进行萃取，配合物为红黄结晶超细粉末。

$$Ru_2(CO)_9 + 2I_2 \longrightarrow 2Ru(CO)_2I_2 + 5CO$$

在 NO 存在下，加热到 180℃ 时反应按下式进行，反应是可逆的。

$$Ru(CO)_2I_2 + NO \rightleftharpoons RuNOI_2 + 2CO$$

通过用一氧化碳处理三碘化钌或二羰基碘化钌，作为中间产物，可形成橙色配合物 $Ru(CO)_xI$。用碘对五羰基钌配合物进行处理时也获得了该配合物，为主要产品；该配合物可溶于苯。

3.3 羰基铑配合物

3.3.1 羰基铑配合物种类及其性质

羰基铑配合物的种类较多，有贵金属铑与一氧化碳气体合成的羰基铑化合物，如 $[Rh(CO)_4]_2$、$[Rh(CO)_3]_x$、$Rh_4(CO)_{11}$、$Rh_4(CO)_{12}$、$Rh_2(CO)_8$ 等；也有卤化羰基铑配合物和氢化羰基铑配合物，如 $HRh(CO)_4$、$[Rh(CO)_2Cl]_2$、$Rh(CO)_2Br$ 、$Rh(CO)_2I$ 等。它们的性质分别见表 3-6 和表 3-7。

表 3-6 羰基铑配合物

性质	羰基铑配合物种类				
	四羰基铑配合物	三羰基铑配合物	十一羰基铑配合物	十二羰基四铑	八羰基二铑
分子式	$[Rh(CO)_4]_2$	$[Rh(CO)_3]_x$	$Rh_4(CO)_{11}$	$Rh_4(CO)_{12}$	$Rh_2(CO)_8$
状态	橙黄色矛状晶体	红色晶体	黑色晶体		
升华温度/℃	常温				
融化温度/℃	76				
分解温度/℃		150	220		
溶解		不溶于有机溶剂	酸和碱不反应		
敏感性	对空气敏感			吸收红外线	

表 3-7 卤化羰基铑配合物

性质	卤化羰基铑配合物种类			
	氢化羰基铑配合物	氯化二羰基铑配合物	溴化二羰基铑配合物	碘化二羰基铑配合物
分子式	$HRh(CO)_4$	$[Rh(CO)_2Cl]_2$	$Rh(CO)_2Br$	$Rh(CO)_2I$
状态	红黄色晶体	红色晶体		黄橙色晶体
升华温度/℃		100	140	110~120
融化温度/℃	-10	123~124.5	118	114
分解温度/℃				
溶解		300		不溶于水，溶于有机物

3.3.2 四羰基铑配合物 $[Rh(CO)_4]_2$

3.3.2.1 四羰基铑配合物 $[Rh(CO)_4]_2$ 性质

纯净的四羰基铑配合物是橙黄色长矛状晶体，在外观上非常类似于八羰基钴配合物；四羰基铑配合物对空气非常敏感，会在空气中迅速分解为蓝色；在不接触空气的情况下，它会从有机溶剂中结晶出来，呈现淡黄色的薄片状；四羰基铑配合物在真空中温度高于常温下会缓慢蒸发。它的融化温度在76℃附近，熔化后的产品变黑，形成一种新的配合物 $Rh_4(CO)_{11}$。该配合物可在水、酸和碱分解出四羰基铑配合物，同时立即放出一氧化碳气体。

3.3.2.2 四羰基铑配合物 $[Rh(CO)_4]_2$ 制取

（1）利用超细的铑粉末制取四羰基铑配合物 $[Rh(CO)_4]_2$。在反应釜内温度升到200℃，一氧化碳气体压力为28MPa（工作压力为46MPa）下，新鲜超细的铑粉末与一氧化碳气体进行合成反应，形成四羰基铑配合物。纯净的四羰基铑配合物是橙黄色长矛状晶体，在外观上非常类似于八羰基钴配合物。

（2）利用氢化羰基铑配合物分解获得纯的四羰基铑配合物。也可以通过氢化羰基铑配合物的分解，获得纯的四羰基铑配合物产物。

$$2HRh(CO)_4 \longrightarrow [Rh(CO)_4]_2 + H_2$$

（3）利用羰基铑配合物的卤化物的衍生物制取 $[Rh(CO)_4]_2$。以羰基铑配合物的卤化物的衍生物为原料，一氧化碳在高压28MPa下，在220~240℃时，部分羰基铑配合物卤化物的衍生物可转化形成四羰基铑配合物，同时释放出铑金属。从石油醚中提取 $[Rh(CO)_4]_2$-$[Rh(CO)_2]_x$ 的混合物，在没有空气作用时，四羰基铑配合物呈明亮的黄色晶体形式，实际上不能够获得完全纯洁的结晶。

（4）利用三氯化铑制取 [$Rh(CO)_4$]$_2$。在合成反应器中温度达到90℃时通入一氧化碳气体，三氯化铑开始裂解并放出氯气；当加热到140℃时，三氯化铑裂解放氯气的反应会变得强烈，此时，一氧化碳的压力为20～24MPa；温度高于180℃时，三氯化铑会转化为一定数量的 [$Rh(CO)_4$]$_2$ 和少量的氯化羰基配合物 $Rh(CO)_2Cl$。

以三碘化铑为原料，采用与三氯化铑原料制取 [$Rh(CO)_4$]$_2$ 同样的合成反应条件，可以得到羰基混合物，其中 [$Rh(CO)_4$]$_2$ 占 81.6%，$Rh(CO)_4I$占 18.4%。

3.3.3 三羰基铑配合物 [$Rh(CO)_3$]$_x$

3.3.3.1 三羰基铑配合物 [$Rh(CO)_3$]$_x$ 性质

三羰基铑配合物为红色的晶体，可以通过对苯、硫酸或石油醚进行重结晶来纯化晶体。三羰基铑配合物不溶于有机溶剂，不挥发，表明其为聚合物结构。相对分子质量尚未确定。三羰基铑配合物在空气中稳定，但会被浓酸和碱分解。在150℃的一氧化碳物流中，三羰基铑配合物可分解为金属铑和 $Rh(CO)_{11}$ 的黑色混合物。

3.3.3.2 三羰基铑配合物 [$Rh(CO)_3$]$_x$ 的制取

（1）利用三氯化铑制取三羰基铑配合物。在高压合成釜内，以三氯化铑为原料，一氧化碳的初始压力为20MPa时，即使在室温下，通过长时间的合成反应也可以观察到三氯化铑形成三羰基铑配合物的过程。

（2）利用无水氯化物盐制取三羰基铑配合物。将无水氯化物盐与没食子酸以及铜粉末或银粉末（镉粉末或锌粉末）混合，在高压反应釜中加压一氧化碳的压力达到20MPa，温度加热到50～80℃，经过15h合成反应，可形成砖红色的三羰基铑配合物晶体。

3.3.4 十一羰基铑配合物 $Rh_4(CO)_{11}$

3.3.4.1 十一羰基铑配合物 $Rh_4(CO)_{11}$ 性质

$Rh_4(CO)_{11}$ 非常稳定，与稀释的酸和碱不会发生反应，在有机溶液中它微溶，在空气中加热时会沉积出闪烁金属镜，在一氧化碳气体中加热220℃时没有升华的迹象直接分解。

3.3.4.2 十一羰基铑配合物 $Rh_4(CO)_{11}$ 制取

利用四羰基铑配合物转化制取 $Rh_4(CO)_{11}$：在合成反应器中，温度加热到150℃，常压下，一氧化碳气体、四羰基铑配合物可以转化为十一羰基铑配合物 $Rh_4(CO)_{11}$。将四羰基铑配合物混合在一氧化碳气体气氛中，加热到180℃，长时间用苯浸出，可以获得黑色发亮的铑薄片 $Rh_4(CO)_{11}$。

将四羰基铑配合物与铜粉末及银粉末混合，当一氧化碳压力为29MPa，温度为80~220℃时可得到一种深色混合物，之后可用苯从中萃取 $Rh_4(CO)_{11}$。

3.3.5 八羰基二铑配合物 $Rh_2(CO)_8$

八羰基二铑配合物 $Rh_2(CO)_8$ 制取：在高压合成釜中，以精细分散的金属铑粉末为原料，在温度170℃、一氧化碳压力20MPa的条件下进行合成反应，可直接获得八羰基二铑配合物。

$$2Rh + 8CO \longrightarrow Rh_2(CO)_8$$

在惰性气体保护下，加热八羰基二铑配合物时，该配合物将变成十二羰基二铑配合物 $Rh_2(CO)_{12}$。

3.3.6 十二羰基四铑配合物 $Rh_4(CO)_{12}$

3.3.6.1 十二羰基四铑配合物 $Rh_4(CO)_{12}$ 性质

红外反应器检测：十二羰基铑配合物可吸收波长：$2074cm^{-1}$、$2068cm^{-1}$、$2043cm^{-1}$、$2033cm^{-1}$、$1885cm^{-1}$ 处有条带。元素分析显示20.06%C、55.29%Rh。计算值显示19.22%C、55.05%Rh。

3.3.6.2 十二羰基四铑配合物 $Rh_4(CO)_{12}$ 制取

利用六氯二甲酸酯的 $K_3RhCl_3 \cdot 3H_2O$ 制取 $Rh_4(CO)_{12}$：1972年，A. B. Медледнноu 的研究结果指出，以六氯二甲酸酯的 $K_3RhCl_3 \cdot 3H_2O$ 原料，在室温下及常压状态的一氧化碳气体中进行合成反应可获得十二羰基四铑配合物 $Rh_4(CO)_{12}$。在大气压下合成反应进行分为两步。在第一阶段铜粉可还原六氯阴离子铑，同时与一氧化碳气体进行合成反应。

$$K_2(RhCl_6)^{3-} + 2Cu + 2CO \longrightarrow K[Rh(CO)_{12}Cl_2]^- + 2CuCl + 2KCl$$

合成反应的第二阶段，二氯二羰基铑配合物负离子、用一氧化碳气体还原后可获得十二羰基铑配合物。

$$4K[Rh(CO)Cl_2]^- + 2H_2O + 6CO \longrightarrow Rh_4(CO)_{12} + 4KCl + 4HCl + 2CO_2$$

第二阶段是通过添加缓冲溶液（柠檬酸钠），以保持 pH = 4 来进行的。十二羰基四铑配合物 $Rh_4(CO)_{12}$ 的收率为理论值的94%。

3.3.7 四羰基铑氢化配合物 $HRh(CO)_4$

3.3.7.1 四羰基铑氢化配合物 $HRh(CO)_4$ 性质

四羰基铑氢化配合物 $HRh(CO)_4$ 为红黄色，常温为气体。形成四羰基铑氢化配合物 $HRh(CO)_4$ 的气体在-7℃干燥，然后通过冷却至-100℃后，将羰基氢化物冷凝储存。该羰基物气体有难闻的气味。当温度在-10~-12℃之间时，羰基铑氢化配合物开始融化并容易升华，在融化温度分解，在室温下分解更快。

3.3.7.2 四羰基铑氢化配合物 $HRh(CO)_4$ 制取

A 活性铑粉末金属制取四羰基铑氢化配合物 $HRh(CO)_4$

在高压反应釜中，以活性金属铑粉末为原料，用一氧化碳气体和氢气（$CO:H_2=4:1$）混合气体代替纯一氧化碳气体，当混合气体压力为25MPa、反应釜温度为200℃时进行合成反应，可获得到四羰基铑氢化配合物$HRh(CO)_4$。

B 利用氯化铑水溶液制取四羰基铑氢化配合物 $HRh(CO)_4$

以氯化铑水溶液（或者无水铑盐）为原料，在高压釜内温度为200℃，一氧化碳气体压力为20MPa的条件下，经过24h合成反应就会获得红黄色四羰基铑氢化物。

根据贵金属羰基铑合成工艺条件的研究，可以按照八羰基钴配合物的制取方案，制备四羰基铑氢化配合物 $HRh(CO)_4$。实践证明该方案可行。用一氧化碳和氢的混合物处理金属铑粉末，可以合成 $HRh(CO)_4$。

$$2Rh + 8CO + H_2 \longrightarrow 2HRh(CO)_4$$

另外，可以使用KXa黄药来制取四羰基铑氢化物：

$$RhCl_3 + 6KXa \longrightarrow K_3RhXa_6 + 3KCl$$

$$K_3RhXa_6 + 6CO + 7KOH + H_2O \longrightarrow HRh(CO)_4 + 2K_2CO_3 + 6KXa + 4H_2O$$

3.3.8 氯化二羰基铑配合物 $[Rh(CO)_2Cl]_2$

3.3.8.1 氯化二羰基铑配合物 $[Rh(CO)_2Cl]_2$ 性质

氯化二羰基铑配合物呈红宝石红色针状，通常长几厘米。该氯化二羰基铑配合物的分子式为 $[Rh(CO)_2Cl]_2$。熔化温度123~124.5℃，升华温度高于100℃。在300℃时在一氧化碳气体中分解，获得含有氯的金属铑；在氧气中闪光并燃烧，形成类似镜子金属铑；在光气下加热128℃时开始分解出金属。

在室温下，该配合物的蒸气压已经非常显著，长时间存放时，器物墙壁上会覆盖一层薄薄的红色涂层。具有高挥发性二氯化羰基铑配合物具有非离子结构。根据 ХИБЁРУ 希伯的结论，它的结构可能具有如下形式：

$$(OC)_2Rh\begin{matrix} Cl \\ \diagup \quad \diagdown \\ \\ \diagdown \quad \diagup \\ Cl \end{matrix}Rh(CO)_2$$

在冷水中，二氯化羰基铑配合物溶解困难，加热时会出现橙色溶液；加热会导致混浊和铑沉淀。当溶液静置时也会发生相同的分解。该二氯化羰基铑配合物容易溶于四氯化碳、乙酸和苯等有机溶剂中，空气中更易分解；它与浓硝酸剧烈反应；加热时会被王水分解，在这种情况下，晶体首先变暗然后溶解。

3.3.8.2　氯化二羰基铑配合物 $[Rh(CO)_2Cl]_2$ 制取

(1) 利用氯化铑制取氯化二羰基铑配合物 $[Rh(CO)_2Cl]_2$。以无水的氯化铑为原料，在室温下不能与一氧化碳气体进行合成反应；但在高压釜内混合铜和银粉末，当高压釜内温度高于 150℃，一氧化碳气体压力为 20～24MPa 时，经过 15h 合成反应，可获得一定量的红色的氯化二羰基铑配合物。该合成反应进行如下：

$$2RhCl_3 + 8CO + 4Cu \longrightarrow [Rh(CO)_2Cl]_2 + 4CuCOCl$$

(2) 利用水合氯化铑制取氯化二羰基铑配合物 $[Rh(CO)_2Cl]_2$。将水合氯化铑加热到 140℃时，与一氧化碳气体进行合成反应可获得氯化二羰基铑配合物。该配合物呈红宝石红色针状，通常长几厘米，晶体具有从红色到蓝色的二向色性，它们可以通过升华或从苯中重结晶进行纯化。

3.3.9　溴化二羰基铑配合物 $Rh(CO)_2Br$

3.3.9.1　溴化二羰基铑配合物 $Rh(CO)_2Br$ 性质

溴化二羰基铑配合物 $Rh(CO)_2Br$ 是褐色的叶子状结晶体，产物大量的集合起来后呈现黄色的。将其在干燥的一氧化碳流中干燥，其熔点为 118℃，在 140℃升华；明显的挥发性表明是非离子配合物的结构。可通过从有机溶剂中重结晶或通过回收来纯化。经热分解，该配合物可得到黑色金属铑，而没有溴化物的混合物。二羰基铑配合物溴的化学性质与相应的氯化物相似。

3.3.9.2　溴化二羰基铑配合物 $Rh(CO)_2Br$ 制取

(1) 利用无水的溴化铑制取 $Rh(CO)_2Br$。在高压合成釜内温度升为

100~120℃，一氧化碳气体压力为20MPa时，无水的溴化铑开始与一氧化碳气体进行合成反应，形成溴化二羰基铑配合物；同时在高压釜的壁上出现四羰基铑配合物的晶体。

（2）利用还原的铑制取 $Rh(CO)_2Br$。在高压合成釜内温度升为160℃，一氧化碳气体压力为20MPa时，从新鲜还原的铑和溴的混合物中也可以获得定量的溴化二羰基铑配合物。

3.3.10 碘化二羰基铑配合物 $Rh(CO)_2I$

3.3.10.1 碘化二羰基铑配合物 $Rh(CO)_2I$ 性质

碘化二羰基铑配合物呈现黄橙色或黄红色的针形，其长度通常可达到几厘米。它们可以通过石油醚进行重结晶。在110~120℃升华纯化。该配合物的熔点为114℃。在室温下已经开始升华。它不溶于水，但易溶于有机介质。碘化二羰基铑配合物的明显挥发性表明该配合物的非离子结构。它可能是单分子的。加热时在稀酸和碱中分解，使金属铑变黑并沉淀。在空气中加热时它会先融化，然后燃烧起来留下金属铑。

3.3.10.2 碘化二羰基铑配合物 $Rh(CO)_2I$ 制取

（1）利用水合的碘化铑制取 $Rh(CO)_2I$。在高压合成釜内，一氧化碳气体加压15~25MPa，温度高于100℃（或者70~180℃）时，无水碘化铑可与一氧化碳气体进行合成反应，生成碘化二羰基铑配合物 $Rh(CO)_2I$；同时产生少量的碘化铑 RhI_4。

$$RhI_3 + 2CO + 2Cu \longrightarrow Rh(CO)_2I + 2CuI$$

（2）利用无水的氯化铑制取 $Rh(CO)_2I$。在高压合成釜内，在无水的氯化铑与过量碘存在的条件下，使反应釜内温度为150~180℃，一氧化碳气体压力15~25MPa时，进行合成反应，可获得碘化二羰基铑配合物 $Rh(CO)_2I$。

$$2RhCl_3 + I + 10CO + 6Cu \longrightarrow 2Rh(CO)_2I + 6CuCOCl$$

当温度高于180℃时，在形成碘化二羰基铑配合物的同时，四羰基铑配合物开始产生。

（3）利用新还原出来的铑制取 $Rh(CO)_2I$。在高压合成釜内，温度为160℃，一氧化碳气体压力为20MPa时，新还原出来的铑与过量的碘混合后与一氧化碳气体进行合成反应可以获得碘化二羰基铑配合物，但是产量不高。

3.4　四羰基钯配合物

3.4.1　羰基钯配合物种类及其性质

目前已经获得的羰基钯配合物共有 4 种。其中有贵金属钯与一氧化碳气体形成的配合物及绿化羰基钯配合物。羰基钯配合物种类及性质见表 3-8。

表 3-8　羰基钯配合物种类及性质

性质	羰基钯配合物种类			
	四羰基钯	二氯化羰基钯	二氯化二羰基钯	四氯化三羰基钯
分子式	$Pd(CO)_4$	$PdCOCl_2$	$Pd(CO)_2Cl_2$	$Pd_2(CO)_3Cl_4$
状态	晶体	柠檬黄晶体		
分解温度/℃	>250	60		
敏感性	对空气敏感	水解、稀盐酸	稀盐酸	

3.4.2　四羰基钯配合物

3.4.2.1　四羰基钯配合物 $Pd(CO)_4$ 的性质

羰基钯配合物具有高度的稳定性，表明了该配合物的存在。羰基钯配合物在真空或其他气体（氢气除外）环境中，加热到 200~250℃以下时不可能分解出来 CO；在低温下，钯表面上一氧化碳的存在会减少这种金属对氢的吸附。为了确定空气中的一氧化碳含量，可使用 $PdCl_2$ 溶液吸收 CO。

3.4.2.2　四羰基钯配合物 $Pd(CO)_4$ 的制取

超细的钯粉末制取 $Pd(CO)_4$ 配合物。

鲍林 Паулинг 依据量子理论的研究预测：贵金属钯元素与一氧化碳气体进行化合反应时，应该会形成四羰基钯配合物 $Pd(CO)_4$。

鲍林在实验室的实验结果：在室温条件下，单位重量超细黑色的钯粉末可以吸收 0.3%~0.4%钯粉末重量的一氧化碳，或者每 1 单位体积的超细黑色的钯金属粉末可吸收 13.4 倍钯金属粉末体积的 CO；并且能够在金属表面上形成四羰基钯配合物。所得的四羰基钯配合物无法与未反应金属钯的表面脱离开，这样一来，就无法将全部金属钯转化为羰基配合物。

3.4.3 二氯化羰基钯配合物 $PdCOCl_2$

3.4.3.1 二氯化羰基钯配合物 $PdCOCl_2$ 性质

纯净的二氯化羰基钯配合物 $PdCOCl_2$ 可以在无水干燥器中干燥几天不会发生变化；但是在加热到60℃时会变成黑色。在室温下，在水的作用下分解 $PdCOCl_2$ 变黑，特别在加热时分解加速。

$$PdCOCl_2 + H_2O \longrightarrow Pd + CO_2 + 2HCl$$

二羰基钯氯化配合物可以在加热稀盐酸中分解，也可以在浓硫酸作用下慢慢分解。氨银溶液随着鳞片状金属钯的沉淀而变黑。

二羰基氯化钯配合物是有双分子方式。在盐酸溶液中，二氯化羰基钯配合物可与乙二胺、氨水和四胺形成配合物：$(NH_2 \cdot CH_2)_2(PdCOCl_2)$、$(NH_4)(PdCOCl_2)_2$、$[Pt(NH_3)_4] \cdot (PdCOCl_2)_2$。

3.4.3.2 二氯化羰基钯配合物 $PdCOCl_2$ 制取

利用氯化钯制取 $PdCOCl_2$ 配合物：1959 年，就发现并制取了二氯化羰基钯配合物 $PdCOCl_2$。芬克（Fink）在合成氯化羰基钯配合物的实验中，使用纯氯化钯和一氧化碳气体进行合成反应，可以形成如下类型的配合物：$PdCOCl_2$、$Pd(CO)_2Cl_2$、$Pd_2(CO)_3Cl_4$。

在0℃时，悬浮在无水乙醇（例如甲醇）中的干燥氯化钯与一氧化碳气体充分接触后，氯化钯会迅速吸收一氧化碳气体，进行合成反应形成二氯化羰基钯配合物。在这种情况下，肉桂红氯化钯逐渐变色，变成黄棕色或几乎柠檬黄。颜色的改变说明二氯化羰基钯配合物已经形成。但是，氯化钯的醇溶液会更强烈地吸收一氧化碳，形成二氯化羰基钯配合物。

在合成反应器内，如果在常温下使用清洁干燥的氯化钯，当有一氧化碳气体存在时，在一段时间内干燥的氯化钯会慢慢吸收并耗尽一氧化碳，产生二氯化羰基钯配合物；反应完成后，再继续让一氧化碳气体通过约 2h，再将温度升至 30~40℃，以除去痕量的水分和甲醇，保护其避免遇到空气。这种精细化的处理是非常必需的，因为空气中存在的水分会使得二氯化羰基钯配合物迅速变红并分解。少量水（以氯化钯的重量计最高为 1%）的存在有助于合成反应；但是，在大量水的存在下，会导致新形成的二氯化羰基钯配合物分解。

3.5 羰基锇配合物

3.5.1 羰基锇配合物种类及其性质

目前已经获得了较多种类的羰基锇配合物。有贵金属锇直接与一氧化碳气体进行合成反应生成的羰基锇配合物；也有卤族元素与羰基锇配合物进行合成反应生成的卤化羰基锇配合物；还有氢气与羰基锇配合物进行合成反应生成的氢化羰基锇配合物等。羰基锇配合物的种类和性质分别见表3-9和表3-10。

表3-9 羰基锇配合物

性质	羰基锇配合物种类	
	五羰基锇配合物	九羰基二锇配合物
分子式	$Os(CO)_5$	$Os_2(CO)_9$
状态	无色晶体	黄褐色六方晶体
升华温度/℃		130
融化温度/℃	-15	
分解温度/℃		150
溶解		溶解在苯、石油醚、四氯化碳和有机溶液中
敏感性	对空气敏感	

表3-10 卤化羰基锇配合物

性质	卤化羰基锇配合物种类				
	氢化羰基锇配合物	二氯化三羰基锇配合物	二氯化四羰基锇	聚合溴化四羰基锇配合物	二溴化四羰基锇配合物
分子式	$H_2Os(CO)_4$	$Os(CO)_3Cl_2$	$Os(CO)_4Cl_2$	$[Os(CO)_4Br]_2$	$Os(CO)_4Br_2$
状态	红黄色晶体	短棱柱状和针状	无色晶体	黄色细灰状晶体	淡黄色叶子状
升华温度/℃			220	100	
融化温度/℃	-10	249 269~273			
分解温度/℃			250		

续表 3-10

性质	卤化羰基锇配合物种类				
	氢化羰基锇配合物	二氯化三羰基锇配合物	二氯化四羰基锇	聚合溴化四羰基锇配合物	二溴化四羰基锇配合物
溶解		300	不溶于水，不与浓盐酸反应	容易溶解在有机溶液中	
敏感		空气			

性质	卤化羰基锇配合物种类				
	二溴化三羰基锇配合物	聚集碘化四羰基锇	二碘化二羰基锇配合物	二碘化三羰基锇配合物	二碘化四羰基锇配合物
分子式	$Os(CO)_3Br_2$	$[Os(CO)_4I]_2$	$Os(CO)_2I_2$	$Os(CO)_3I_2$	$Os(CO)_4I_2$
状态	黄色低挥发晶体	黄色单斜针状		黄色晶体	黄色晶体
升华温度/℃	100	140			
融化温度/℃		118			
分解温度/℃	120		300		290
溶解	微量溶于有机物		不溶于水，溶于有机物	不溶于水，溶于有机物	苛性钠氨水

3.5.2 五羰基锇配合物 $Os(CO)_5$

3.5.2.1 五羰基锇配合物 $Os(CO)_5$ 性质

将五羰基锇配合物冷却至-120℃时，才能够与反应气体分离。将冷凝的五羰基锇配合物进行分馏，除去二氧化碳后可获得 3 个馏分羰基物。最高沸点的馏分几乎是纯净的；低沸点精馏获得羰基氰化物及羰基铁。

五羰基锇配合物的晶体是无色透明的。熔化时，可解离而变成黄色九羰基锇配合物。

$$2Os(CO)_5 \rightleftharpoons Os(CO)_9 + CO$$

在增加一氧化碳气体压力时合成反应向右进行。五羰基锇配合物的融化温度约为-15℃。五羰基锇配合物在温度为-20℃、0℃、20℃时，蒸气压为 0.3mmHg❶、1.0mmHg、4.5mmHg。

3.5.2.2 五羰基锇配合物 $Os(CO)_5$ 制取

A 利用超细锇粉末制取五羰基锇配合物 $Os(CO)_5$

在高压合成釜内，以具有活性的超细锇粉末为原料，在高压釜内温度为

❶ 1mmHg=133.3224Pa。

250℃、一氧化碳气体压力为20MPa时，经过15h合成反应可以获得一定量的五羰基锇配合物。此合成反应进行得非常缓慢，因此不能以金属锇为原料获得大量的五羰基锇配合物，要想获得一定数量的五羰基锇配合物，只能通过锇的中间化合物。

B　利用氯化锇 $OsCl_3$ 制取五羰基锇配合物 $Os(CO)_5$

以无水的氯化锇 $OsCl_3$ 与铜粉末或者银粉末的混合物为原料，其比例为1∶3，在高压釜中将混合物加热到300℃，一氧化碳气体压力为25~30MPa，持续进行15h合成反应。在合成反应过程中主要生成产物是二氯化四羰基锇配合物和少量的五羰基锇配合物的混合物。

C　使用九溴化二锇原料制取五羰基锇配合物 $Os(CO)_5$

在高压合成釜内，以九溴化二锇为原料，在高压釜内温度为200℃、一氧化碳气体压力为20MPa时更容易形成五羰基锇配合物；同时也可获得大量的溴化四羰基锇配合物 $[Os(CO)_4Br]_2$。

D　使用氧化锇 OsO_4 原料制取五羰基锇配合物 $Os(CO)_5$

在高压釜内，当温度为150℃、一氧化碳气体压力为20MPa，在氧化锇 OsO_4 与碘化氢HI中加入铜或者银粉末，进行合成反应，可以获得大量的五羰基锇配合物 $Os(CO)_5$；同时也可得到九羰基二锇配合物 $Os_2(CO)_9$ 及二碘化四羰基锇配合物 $Os(CO)_4I_2$。

最好的方法是以四氧化锇为原料与一氧化碳气体进行合成，该方法能够获得大量的五羰基锇配合物。

$$OsO_4 + 9CO \longrightarrow Os(CO)_5 + 4CO_2$$

在高压釜内，合成反应在温度为100℃，一氧化碳气体压力为10MPa时反应就开始了。最好的合成反应温度为300℃，一氧化碳气体压力为30MPa。该合成反应类似羰基铼配合物合成反应，但是合成反应没有彻底到达尽头，始终残留有某些金属和氧化物。

E　其他制取五羰基锇配合物 $Os(CO)_5$

在高压釜内温度高于250℃，一氧化碳气体压力达到20MPa时，利用二硫化锇，以钾酸锇及二氧化锇水合物为原料进行合成反应可以获得一定量的五羰基锇。

3.5.3　九羰基二锇配合物 $Os_2(CO)_9$

3.5.3.1　九羰基二锇配合物 $Os_2(CO)_9$ 性质

九羰基锇配合物 $Os_2(CO)_9$ 用苯提取，其颜色为淡黄褐色的明亮假六方晶体。将晶体加热170℃升华后提纯。九羰基锇配合物 $Os_2(CO)_9$ 的熔点为224℃，升华温度高于130℃。九羰基锇配合物 $Os_2(CO)_9$ 能够溶解在苯、石油醚、四氯化碳和其他的有机溶液中。稀释的苛性钾溶液对其作用非常缓慢；沸腾的50%氢氧化钾溶液会迅速降解为发黑配合物，吡啶仅在沸点时才能取代一氧化碳，甚至水和酸（硝酸）不起作用。

3.5.3.2 九羰基二锇配合物 $Os_2(CO)_9$ 制取

（1）利用五羰基锇配合物制取 $Os_2(CO)_9$。如果将气体五羰基锇配合物在高压釜中缓慢冷却，然后放置2h再次将高压釜内温度加热到150℃，就能够获得九羰基锇配合物。

（2）利用氧化锇制取 $Os_2(CO)_9$。将氧化锇 + 氢化碘（OsO_4+ HI）银粉末进行混合（1∶3），当高压釜中一氧化碳气体压力为20MPa，温度为150℃时，经过15h合成反应后就会获得九羰基锇配合物 $Os_2(CO)_9$。但是在九羰基锇配合物 $Os_2(CO)_9$ 中混有五羰基锇配合物 $Os(CO)_5$ 和二碘化四羰基锇配合物 $Os(CO)_4I_2$。

3.5.4 十二羰基三锇配合物 $Os_3(CO)_{12}$

1971年，A. B. Медведсвой 与同事一起研究新方法，利用 OsO_4 的酒精溶液（1∶10），在一氧化碳气体压力为11~12MPa、温度为175℃时进行合成反应，获得十二羰基三锇配合物。利用 OsO_4 原料进行合成反应得到，十二羰基三锇配合物收率为80%~90%。

在加热五羰基锇配合物 $Os(CO)_5$ 时该配合物也可以转变成晶体 $Os_3(CO)_{12}$。

$$3Os(CO)_5 \longrightarrow Os_3(CO)_{12} + 3CO$$

3.5.5 二氯化三羰基锇配合物 $Os(CO)_3Cl_2$

3.5.5.1 二氯化三羰基锇配合物 $Os(CO)_3Cl_2$ 性质

二氯化三羰基锇配合物 $Os(CO)_3Cl_2$ 为短棱柱状和针状，熔点为249℃（以下描述二氯化三羰基锇配合物会给出不同的熔点，是由于不同研究者在实验室的检测条件不同）。

二氯化三羰基锇配合物 $Os(CO)_3Cl_2$ 用热四氯化碳萃取纯净化，从溶液中先析出白色长针状尖端。当母液蒸发时，呈黄褐色扁平的菱形晶体。新萃取获得的产物在252℃熔化成深棕色液体。

白色二氯化三羰基锇配合物熔点为269~273℃，首先，刚刚得到的时候呈现深色；在280℃时液体开始膨胀，变黑并形成类似镜子面形状的金属。晶体不能够溶解于水和高浓度的硝酸。

在无氧环境中小心缓慢加热，该二氯化三羰基锇配合物升华但不分解；当在空气中加热时会带闪光，在氧气气氛中可观察到明亮的闪光，并出现了金属镜子。

在惰性气体体中加热融化，有时会出现金属锇镜面。氨银溶液中变黑，二氯化三羰基锇配合物可以溶解在冷的苛性钠中。当用硝酸酸化时，两个氯原子都从这种溶液中沉积出来，这表明它们的离子键合。保留在溶液中的配合物非常稳定。金属锇不能从肼、羟胺或甲醛溶液中沉淀出来。

低挥发性二氯化三羰基锇配合物燃烧时出现 OsO_4，表明该配合物分子具有二聚体结构。

3.5.5.2　二氯化三羰基锇配合物 $Os(CO)_3Cl_2$ 制取

以三氯化锇 $OsCl_3$ 为原料，在高压釜中通入常压含有水汽潮湿的一氧化碳气体，合成反应从220℃开始，首先会出现少量白色升华物二氯化三羰基锇配合物 $Os(CO)_3Cl_2$；最佳合成反应温度为270℃。一般合成反应将在进行8h后结束。当合成反应温度超过300℃时，合成反应进行得甚至更快，但同时生成的二氯化三羰基锇配合物的逆向反应会显著增加。合成反应生成的二氯化三羰基锇配合物 $Os(CO)_3Cl_2$ 为短棱柱状和针状。

3.5.6　二氯化四羰基锇配合物 $Os(CO)_4Cl_2$ 制取

3.5.6.1　二氯化四羰基锇配合物 $Os(CO)_4Cl_2$ 性质

二氯化四羰基锇配合物 $Os(CO)_4Cl_2$ 为无色晶体，在220℃升华可以获得清洁 $Os(CO)_4Cl_2$。该配合物很难溶解于有机溶剂。在250℃该配合物会释放所有一氧化碳而完全分解。首先是变黑，然后是变黑的晶体，最后是形成锇的薄片类似镜面。该配合物不溶于水，也不与浓盐酸反应。在冷稀苛性钠溶液中缓慢起作用，加热较快时呈黑色。当通过冷凝器加热时，溶解在吡啶中。

3.5.6.2　二氯化四羰基锇配合物 $Os(CO)_4Cl_2$ 制取

在高压合成釜中，将三氯化锇原料加热到270℃，一氧化碳气体压力为20~25MPa，经过15h合成反应后能够获得一定量的二氯化四羰基锇配合物。该物质用氯仿萃取可得到无色晶体。

3.5.7 聚合溴化四羰基锇配合物 $[Os(CO)_4Br]_2$

3.5.7.1 聚合溴化四羰基锇配合物 $[Os(CO)_4Br]_2$ 性质

在温度为100℃，在一氧化碳气体存在气氛下，溴化四羰基锇配合物 $[Os(CO)_4Br]_2$ 明显开始升华，容易溶解在有机溶液中。

如果起始原料中有水，获得该配合物则以黄色细灰状形式，经过几天后缓慢结晶。

通过测定环戊烷酮中相对分子质量，得出溴化四羰基锇配合物 $[Os(CO)_4Br]_2$是二聚体分子。

3.5.7.2 聚合溴化四羰基锇配合物 $[Os(CO)_4Br]_2$ 制取

以溴化锇 Os_2Br_9 为原料，在高压釜内温度为200℃、一氧化碳气体压力为20MPa时（工作压力为35MPa）进行合成反应，可获得金丝雀色聚合溴化四羰基锇配合物 $[Os(CO)_4Br]_2$。

3.5.8 二溴化四羰基锇配合物 $Os(CO)_4Br_2$

3.5.8.1 二溴化四羰基锇配合物 $Os(CO)_4Br_2$ 性质

$Os(CO)_4Br_2$ 为叶子状，微量水的存在会干扰合成反应，在90~100℃时会形成副产品溴化三羰基锇配合物。

3.5.8.2 二溴化四羰基锇配合物 $Os(CO)_4Br_2$ 制取

以溴化锇 Os_2Br_9 为原料，在高压釜内温度为90~100℃，一氧化碳气体压力为20MPa时（工作压力为35MPa）进行合成反应，可获得淡黄色二溴化四羰基锇配合物 $Os(CO)_4Br_2$。

3.5.9 二溴化三羰基锇配合物 $Os(CO)_3Br_2$

3.5.9.1 二溴化三羰基锇配合物 $Os(CO)_3Br_2$ 性质

$Os(CO)_3Br_2$ 具有微黄色、低挥发性，可溶于有机溶液中，分解温度为120℃。二溴化三羰基锇配合物 $Os(CO)_3Br_2$ 的热分解可用于任何物体的加热表面上涂上保护性的涂层。

在120℃时二溴化三羰基锇配合物 $Os(CO)_3Br_2$ 分离出一个一氧化碳变成二羰基锇配合物；在300℃时二溴化三羰基锇配合物 $Os(CO)_3Br_2$ 分离出所有一氧化碳，灰色残留物中含有少量溴。

该配合物的低挥发性由可能形成的二聚结构分子来解释（如图3-1所示）。

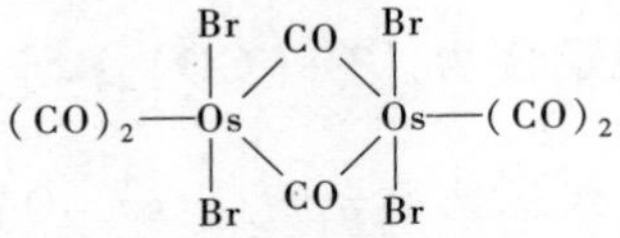

```
        Br   CO   Br
        |   /  \  |
(CO)2—Os          Os—(CO)2
        |   \  /  |
        Br   CO   Br
```

图 3-1　二溴化三羰基锇配合物 $Os(CO)_3Br_2$ 结构

3.5.9.2　二溴化三羰基锇配合物 $Os(CO)_3Br_2$ 制取

在高压釜中温度为90~120℃、一氧化碳气体压力为20MPa，高压釜内同时存在微量水气氛下，以溴化锇 Os_2Br_9 为原料，进行合成反应，可生成具有低挥发性、微溶在有机溶液中的 $Os(CO)_3Br_2$。产物中含有 $Os(CO)_4Br_2$，两种配合物均可通过苯萃取或分馏进行分离。

二溴化三羰基锇配合物 $Os(CO)_3Br_2$ 也可以以分散粉末溴化锇 Os_2Br_9 为原料，在常压一氧化碳气体中加热250℃时，生成一定量产物 $Os(CO)_3Br_2$。

在温度高于120℃时，在惰性气体气氛中，来自二溴化四羰基锇配合物和二溴化三羰基锇配合物的蒸馏时会分离出黄色微晶粉末的二溴化三羰基锇配合物 $Os(CO)_3Br_2$。其反应如下：

$$Os(CO)_4Br_2 \longrightarrow Os(CO)_3Br_2 + 2CO$$

$$Os(CO)_3Br_2 \longrightarrow Os(CO)_3Br_2 + CO$$

在300℃时二溴化三羰基锇化物完全分解后释放一氧化碳气体，锇中残余少量溴。

3.5.10　聚集碘化四羰基锇 $[Os(CO)_4I]_2$

3.5.10.1　聚集碘化四羰基锇 $[Os(CO)_4I]_2$ 性质

聚集碘化四羰基锇 $[Os(CO)_4I]_2$ 为橙黄色黏性晶体，可能为单斜针状，1mm 长。副产品中有晶体 $Os(CO)_4$ 和极易挥发的少量 $Os(CO)_5$ 晶体。

通过环戊烷酮的冰冻检查表明 $[Os(CO)_4I]_2$ 为二聚体碘化四羰基锇分子。

3.5.10.2　聚集碘化四羰基锇 $[Os(CO)_4I]_2$ 制取

以 OsO_4 + HI 混合银粉末（1∶1）为原料制取 $[Os(CO)_4I]_2$：在高压釜加热到150℃，一氧化碳气体压力为20MPa 时，以 OsO_4 + HI 混合银粉末（1∶1）为原料进行合成反应，生成橙黄色黏性聚集碘化四羰基锇 $[Os(CO)_4I]_2$ 物质。

3.5.11　二碘化二羰基锇配合物 $Os(CO)_2I_2$

3.5.11.1　二碘化二羰基锇配合物 $Os(CO)_2I_2$ 性质

$Os(CO)_2I_2$ 在大约300℃完全分解后放出碘和一氧化碳气体。它不溶解于有机溶液中，即使在沸腾下也不能与吡啶反应，不挥发。

3.5.11.2 二碘化二羰基锇配合物 $Os(CO)_2I_2$ 制取

在反应器中加热到高于29℃时，二碘化四羰基锇配合物 $Os(CO)_4I_2$ 和二碘化三羰基锇配合物 $Os(CO)_2I_2$ 将会发生分解反应获得二碘化二羰基锇配合物 $Os(CO)_2I_2$。

$$Os(CO)_4I_2 \longrightarrow Os(CO)_2I_2 + 2CO$$

$$Os(CO)_3I_2 \longrightarrow Os(CO)_2I_2 + CO$$

3.5.12 二碘化三羰基锇配合物 $Os(CO)_3I_2$

3.5.12.1 二碘化三羰基锇配合物 $Os(CO)_3I_2$ 性质

二碘化三羰基锇配合物 $Os(CO)_3I_2$ 与二碘化四羰基锇配合物 $Os(CO)_4I_2$ 相比，挥发性较小，也更难溶解于有机配合物溶液中。它是深黄色晶体，且由于低挥发性特点，认为它是二聚合分子结构。

3.5.12.2 二碘化三羰基锇配合物 $Os(CO)_3I_2$ 制取

二碘化三羰基锇配合物 $Os(CO)_3I_2$ 可以以 OsO_4+ HI 为原料，直接与一氧化碳气进行合成反应获得。

二碘化三羰基锇配合物 $Os(CO)_3I_2$ 也可以通过在高于140℃温度下，热分解二碘化四羰基锇配合物 $Os(CO)_4I_2$ 获得。分解反应式如下：

$$Os(CO)_4I_2 \longrightarrow Os(CO)_3I_2 + CO$$

3.5.13 二碘化四羰基锇配合物 $Os(CO)_4I_2$

3.5.13.1 二碘化四羰基锇配合物 $Os(CO)_4I_2$ 性质

二碘化四羰基锇配合物 $Os(CO)_4I_2$ 为深黄色晶体。该配合物不稳定，会慢慢变成浅黄色。二碘化四羰基锇配合物 $Os(CO)_4I_2$ 比相应的氯化物和溴化物更容易溶解于有机溶液。

在140℃时，二碘化四羰基锇配合物 $Os(CO)_4I_2$ 可以转变为二碘化三羰基锇配合物 $Os(CO)_3I_2$；在290℃时，$Os(CO)_4I_2$ 进行分解反应形成二碘化二羰基锇配合物 $Os(CO)_2I_2$；在300℃时，$Os(CO)_4I_2$ 进行完全分解，析出碘和一氧化碳气体。

二碘化四羰基锇配合物可用苛性钠分解。在浓氨水中，$Os(CO)_4I_2$ 配合物的晶体会随着气体的释放而脱色；在吡啶溶液中排放一氧化碳。

3.5.13.2 二碘化四羰基锇配合物 $Os(CO)_4I_2$ 制取

以 OsO_4+ HI 为原料，在反应器中温度为200℃时加入常压一氧化碳气体，进行合成反应生成二碘化四羰基锇配合物 $Os(CO)_4I_2$。另外，在高压釜中，以 OsO_4 + HI 为原料，在温度为 120～150℃、一氧化碳气体压力为 20MPa 时进行合成反应，同样可立即生成二碘化四羰基锇配合物 $Os(CO)_4I_2$。

$$OsO_4 + 2HI + 7CO \longrightarrow Os(CO)_4I_2 + 3CO + H_2O$$

该配合物为深黄色晶体，且不稳定。

五羰基锇配合物 $Os(CO)_5$ 可以以氧化锇或者氯化锇为原料，在 300℃下与一氧化碳进行合成反应获得。

$$OsO_4 + 9CO \longrightarrow Os(CO)_5 + 4CO_2$$

$$OsCl_3 + CO + Cu \longrightarrow Os(CO)_5 + Os(CO)_4Cl_2 + CuCOCl$$

3.6 羰基铱配合物

3.6.1 羰基铱配合物种类及其特性

目前已经获得的羰基铱配合物包括贵金属铱直接与一氧化碳气体进行合成反应生成的羰基铱配合物，卤族元素与羰基铱配合物进行合成反应生成的卤化羰基铱配合物，氢气与羰基铱配合物进行合成反应生成的氢化羰基铱配合物等。羰基铱配合物的种类和特性分别见表 3-11～表 3-13。

表 3-11 羰基铱配合物种类及特性

性质	羰基铱配合物种类			
	四羰基铱配合物	三羰基铱配合物	八羰基二铱配合物	十二羰基四铱配合物
分子式	$[Ir(CO)_4]_n$ (n=1，2，3，…)	$Ir(CO)_3$	$Ir_2(CO)_8$	$Ir_4(CO)_{12}$
状态	绿黄色晶体	金丝雀颜色，六面体与十二面体组合		
升华温度/℃	160			
融化温度/℃				
分解温度/℃				
溶解	溶于乙醚、有机物	在碱，稀、浓硝酸中不反应，在王水中分解		
敏感性	对空气敏感			

表 3-12 卤化羰基铱配合物种类和特性

性质	卤化羰基铱配合物种类			
	氯化三羰基铱配合物	二氯化二羰基铱配合物	溴化三羰基铱配合物	二溴化三羰基铱配合物
分子式	$Ir(CO)_3Cl$	$Ir(CO)_2Cl_2$	$Ir(CO)_3Br$	$Ir(CO)_3Br_2$
状态	橄榄绿色	无色的晶体	棕色鳞片状	淡黄
升华温度/℃	115		140	
融化温度/℃				
分解温度/℃		200		
溶解	水解，在吡啶中很快溶解，不与浓盐酸反应	盐酸和氢氧化钾	水和吡啶	
敏感	空气	湿气非常敏感		

表 3-13 卤化羰基铱配合物种类和特性

性质	卤化羰基铱配合物种类			
	二溴化二羰基铱配合物	碘化三羰基铱配合物	二碘化二羰基铱配合物	氢化羰基铱配合物
分子式	$Ir(CO)_2Br_2$	$Ir(CO)_3I$	$Ir(CO)_2I_2$	$HIr(CO)_4$
状态		黑色的晶体	黄色	红黄色晶体
升华温度/℃		150		
融化温度/℃				-10
分解温度/℃				
溶解			水解	
敏感				

3.6.2 三羰基铱配合物 $[Ir(CO)_3]_n$

3.6.2.1 三羰基铱配合物 $[Ir(CO)_3]_n$特性

三羰基铱配合物具有金丝雀的美丽颜色。该配合物稳定，三羰基铱配合物与碱、稀及浓酸甚至硝酸不发生反应，在王水中随着气体的释放缓慢分解，浓碱中分离出金属，在室温时不与卤素发生作用，200℃时，在氯气存在时为红色。

3.6.2.2　三羰基铱配合物 $[Ir(CO)_3]_n$ 制取

A　利用铱元素的卤化物制取三羰基铱配合物 $[Ir(CO)_3]_n$

利用不含有水分铱元素的卤化盐制取纯的三羰基铱配合物 $[Ir(CO)_3]_n$：

$$2IrX_3 + 9CO \longrightarrow 2/n[Ir(CO)_3]_n + 3COX_2$$

反应式中 $n=1, 2, 3, \cdots$。如果 $n=2$，则 $2/n[Ir(CO)_3]_n$ 应该是 $[Ir(CO)_3]_2$ 为三羰基铱配合物聚合物。

反应可能分三个阶段进行：

$$2IrX_3 + 5CO \longrightarrow 2Ir(CO)_2X_2 + COX_2$$

$$2Ir(CO)_2X_2 + 3CO \longrightarrow 2Ir(CO)_3X + COX_2$$

$$2Ir(CO)_3X + CO \longrightarrow 2/n[Ir(CO)_3]_n + COX_2$$

$$2IrX_3 + 9CO \longrightarrow 2/n[Ir(CO)_3]_n + 3COX_2$$

以含有结晶水的卤化物 $IrX_3 \cdot H_2O$ 为原料，温度150℃时常压的一氧化碳气体与卤化物 $IrX_3 \cdot H_2O$ 进行合成反应形成可以升华的三羰基铱配合物 $[Ir(CO)_3]_n$，但是，在三羰基铱配合物中混合有卤化羰基铱配合物，如：$Ir(CO)_2X_2$、$Ir(CO)_3X$（X代表卤元素）。

B　利用氯化铱水溶液制取三羰基铱配合物 $[Ir(CO)_3]_n$

另外，在利用一氧化碳气体处理氯化铱水溶液时，合成反应获得的主要反应产物是三羰基铱配合物 $[Ir(CO)_3]_n$。

在使用一氧化碳气体处理碘化铱盐水溶液的情况下，获得的主要反应产物也是三羰基铱配合物。

同样在高压釜内温度为140℃、一氧化碳气体压力为20MPa时，生成三羰基铱配合物。合成反应会在24~48h内完全结束；在温度110~120℃，有 $IrBr_3$ 存在时形成三羰基铱配合物的速度；在温度90~110℃，有 IrI_3 存在时特别容易形成三羰基铱配合物。

由于以铱元素的卤化物为原料时，特别是使用氯化物盐和溴化物盐为原料时，三羰基铱配合物易于形成，因此无需将铜或银粉末状混入卤素盐中。

$$IrCl_3 + 3Cu + 6CO \longrightarrow 1/n[Ir(CO)_3]_n + 3CuCOCl$$

3.6.3　四羰基铱和三羰基铱配合物的混合物

3.6.3.1　四羰基铱和三羰基铱配合物的混合物特性

三羰基铱配合物具有金丝雀的美丽颜色，该物稳定，无化学反应。三羰基铱配合物与碱、稀及浓酸甚至硝酸不发生反应。在王水中随着气体的释放而缓慢分解。浓碱中分离出金属。在室温下卤素不作用。在200℃,该配合物在氯气存在时为红色。据希伯研究报告，三羰基铱配合物可以与氯结合。

$$3Ir(CO)_3 + 19\ 1/2\ Cl_2 \longrightarrow Ir_3(CO)_4Cl_9 + 5COCl_2$$

吡啶与三羰基铱配合物不相互作用。三羰基铱配合物很难溶解在二噁烷中，几乎不会溶解于四氯化碳中，不溶解于水中。配合物的低挥发性表明三羰基铱配合物为聚合物结构。

三羰基铱配合物三角的结构。$a=107°37'$；$a : b=1 : 0.6778$。三羰基铱配合物是伪立方结构，菱面体的六面体与十二面体组合体。

3.6.3.2　四羰基铱和三羰基铱配合物的混合物制取

在高压釜中温度为200℃、一氧化碳气体压力为20MPa，以铱的复合盐类为原料（如K_2IrCl_6、Na_2IrCl_6、$(NH_4)_2IrCl_6$、$(NH_4)_3IrCl_6$）进行合成反应生成四羰基铱配合物$[Ir(CO)_4]_n$和三羰基铱配合物$[Ir(CO)_3]_n$的混合物。这两种配合物是一对孪生兄弟，可通过部分重结晶或升华分来离$[Ir(CO)_4]_n$和$[Ir(CO)_3]_n$。

利用K_2IrCl_6原料是为了完全取代卤素，必须将铜或银添加到反应混合物中。以$(NH_4)_2IrCl_6$为原料，在温度130℃、一氧化碳气体压力为20MPa时，金属铱在没有卤素键结合的情况下可获得绿色的四羰基铱配合物$[Ir(CO)_4]_n$和三羰基铱配合物$[Ir(CO)_3]_n$的混合产物。但是混有氯化铵和氯化铜，如果合成反应的温度为18~220℃，则获得浅绿色配合物，且混有氯化铜。在酸或碱的作用下，产物会更进一步变成三羰基铱配合物。

获得合成反应的产物三羰基铱和四羰基铱的混合物，从苯、氯仿、四氯化碳提取的三羰基铱配合物，进行净化处理时，必须有一氧化碳气体保护。为了消除卤素残留物，必须进行多次升华，获得的三羰基铱配合物具有金丝雀的美丽颜色。该配合物具有化学稳定性。三羰基铱配合物与碱、稀及浓酸甚至硝酸不发生反应。在王水中随着气体的释放而缓慢分解，浓碱中分离出金属。在室温下卤素不起作用。

3.6.4　四羰基铱配合物$[Ir(CO)_4]_2$

3.6.4.1　四羰基铱配合物$[Ir(CO)_4]_2$基本特征

四羰基铱配合物为绿黄色晶体。四羰基铱配合物比三羰基铱配合物更容易溶解于有机物中，同时更容易挥发。在接近50℃时，四羰基铱配合物溶于乙醚，从这种溶液中得到的产物是非常纯的黄色。在存在少量杂质的情况下，该配合物为淡红色调。

四羰基铱配合物在200℃时升华进行得非常迅速。四羰基铱配合物在四氯化碳中的溶解度是每100mg溶解10mg。尽管羰基铱的质量特别大，但由于未被润湿而漂浮在水上，且它可溶解于吡啶中形成棕色溶液。

3.6.4.2　四羰基铱配合物 $[Ir(CO)_4]_2$ 制取

四羰基铱配合物 $[Ir(CO)_4]_2$ 的制取主要是利用铱元素的卤化物盐类与另外的金属粉末（通常为铜）混合。在高压釜内，通入的一氧化碳气体与铱的卤化盐类相互发生合成反应，CO气体逐渐取代卤素原子（X）形成四羰基铱配合物 $[Ir(CO)_4]_2$。其反应如下：

$$IrX_3 + 3CO + Cu \longrightarrow Ir(CO)_2X_2 + CuCOX$$

$$Ir(CO)_2X_2 + 2CO + Cu \longrightarrow Ir(CO)_3X + CuCOX$$

$$Ir(CO)_2X + 2CO + Cu \longrightarrow 1/2[Ir(CO)_4]_2 + CuCOX$$

$$IrX_3 + 7CO + 3Cu \longrightarrow [Ir(CO)_4]_2 + 3CuCOX$$

式中，X代表卤元素。

在高压釜中温度为220℃、一氧化碳气体压力为20MPa时，处理贵金属铱元素的复合盐类（如 $(NH_4)_2IrCl_6$、K_2IrCl_6、Na_2IrCl_6、$(NH_4)_3IrCl_6H_2O$ 等）。再利用铜粉末或者银粉末与贵金属铱元素的复合盐类混合物进行合成反应，就会获得四羰基铱配合物的绿黄色晶体和三羰基铱配合物的黄色晶体的混合物。用苯、醇、氯仿或四氯化碳从反应混合物中萃取，进一步分步结晶和升华分离出四羰基铱配合物。

利用升华温度的差别，可从三羰基铱配合物中分离出四羰基铱配合物。在一氧化碳保护下，升温160℃进行升华，可获得纯净的四羰基铱配合物。但是，在这些条件下获得的四羰基铱配合物很容易分解释放出一氧化碳气体。

$$[Ir(CO)_4]_2 \longrightarrow 2/X[Ir(CO)_3]_n + 2CO$$

3.6.5　八羰基二铱配合物 $Ir_2(CO)_8$

将三氯化铱 $IrCl_3$ 与铜粉末混合后通入一氧化碳气体进行合成反应可获得八羰基二铱配合物。可以通过用一氧化碳气体，还原没食子酸盐获得。

$$2IrCl_3 + 14CO + 6Cu \longrightarrow Ir_2(CO)_8 + 6CuCOCl$$

3.6.6 十二羰基四铱配合物 $Ir_4(CO)_{12}$

1973 年，A. B. Медведевой 与同事开发了一种获取十二羰基四铱配合物的方法，即在 Na_3IrCl_6 化合物中加入 KCO_3 化合物并相互均匀混合，在高压釜内，一氧化碳气体压力 28～29MPa、温度 150～160℃进行合成反应，获得十二羰基四铱配合物。

$$4Na_3IrCl_6 + 12CO + 6H_2 + 6KCO_3 \longrightarrow Ir_4(CO)_{12} + 12NaCl + 12KCl + 6H_2CO_3$$

在同样条件下，$Ir_4(CO)_8$与六氯化铱钠 Na_3IrCl_6 进行反应，获得十二羰基铱配合物。

采用 Na_3IrCl_6 为原料时，羰基 $Ir_4(CO)_{12}$收率为 73%～84%。所得羰基铱的元素分析显示，配合物的碳含量为 12.69%，铱的含量为 69%～50%，而计算出的为 13.03%C 和 69.59%Ir。

八羰基二铱配合物在一氧化碳气体中当温度升到 160℃时可以转换为十二羰基四铱配合物。

$$Ir_2(CO)_8 \longrightarrow Ir_4(CO)_{12} + 4CO$$

此时，形成的羰基铱配合物组成为 $[Ir(CO)_3]_4$。

3.6.7 氢化四羰基铱配合物 $HIr(CO)_4$

3.6.7.1 氢化四羰基铱配合物 $HIr(CO)_4$ 性质

该羰基气体在分解时会沉淀出金属铱，金属铱会形成类似镜子面的小薄片。

将气态氢化四羰基铱配合物通过氯化汞的单一溶液可得到无色沉淀物，在热分解时沉淀物中有铱。

获得氢化羰基铱配合物是非常困难的，主要是该配合物容易分解。

$$2HIr(CO)_4 \longrightarrow [Ir(CO)_4]_2 + H_2 \longrightarrow 2/n[Ir(CO)_3]_n + 2CO + H_2$$

3.6.7.2 氢化四羰基铱配合物 $HIr(CO)_4$ 制取

将干燥的三氯化铱与铜粉末混合，一氧化碳气体与一定量水气（或者氢气）混合，在高压釜中，一氧化碳气体压力为 20MPa，温度加热到 200℃，进行合成反应可获得氢化四羰基铱配合物。氢化四羰基铱配合物的形成是根据下面方程式：

$$2IrCl_3 + H_2O + 15CO + 6Cu \longrightarrow 2HIr(CO)_4 + 6CuCOCl + CO_2$$

$$2IrCl_3 + H_2 + 14CO + 6Cu \longrightarrow 2HIr(CO)_4 + 6CuCOCl$$

同样，在高压釜内温度升到200℃，一氧化碳气体压力为20MPa时，以含有水的潮湿三氯化铱为原料，进行合成反应可生成氢化四羰基铱配合物。从高压釜内放出的气体中检测到挥发性氢化四羰基铱配合物气体，但是此配合物含有一定量的三羰基铱配合物。

3.6.8　氯化三羰基铱配合物 $Ir(CO)_3Cl$

3.6.8.1　氯化三羰基铱配合物 $Ir(CO)_3Cl$ 特性

深橄榄绿色氯化铱（在600℃通过氯气脱水 $IrCl_3 \cdot H_2O$）可获得氯化三羰基铱配合物 $Ir(CO)_3Cl$。由于氯化三羰基铱配合物 $Ir(CO)_3Cl$ 含有 $Ir(CO)_2Cl_2$ 和 $[Ir(CO)_3]_x$，为了净化获得纯净的配合物，需要在115℃、一氧化碳气体保护下升华分离出氯化三羰基铱配合物 $Ir(CO)_3Cl$。

水会缓慢分解氯化三羰基铱配合物，分解出一氧化碳和二氧化碳及金属铱。该配合物在吡啶中会很快被溶解同时分离出一氧化碳气体。该配合物不与浓盐酸反应。

3.6.8.2　氯化三羰基铱配合物 $Ir(CO)_3Cl$ 制取

利用氯化物 $IrCl_3$ 可以制取氯化三羰基铱配合物 $Ir(CO)_3Cl$。在高压釜中将干燥一氧化碳气体与三氯化铱 $IrCl_3 \cdot H_2O$ 与 $Ir(CO)_2Cl_2$ 和 $[Ir(CO)_3]_x$ 混合后，反应釜内温度在150℃时进行合成反应，可获得棕色氯化三羰基铱配合物 $Ir(CO)_3Cl$。

3.6.9　二氯化二羰基铱配合物 $Ir(CO)_2Cl_2$

3.6.9.1　二氯化二羰基铱配合物 $Ir(CO)_2Cl_2$ 特性

从外观可以看出二氯化二羰基铱配合物 $Ir(CO)_2Cl_2$ 为无色的晶体，它具有闪亮折射的针状。合成反应进行缓慢，花费数小时才能获得0.1g物质。将其二氯化二羰基铱配合物转化为长度逐渐达到1cm时，需经过足够长的时间。

该配合物对湿气非常敏感，以至于当它与潮湿的空气接触时会立即变黑，其颜色从无色变为黑色。形成的黑色层在晶体表面，会减慢二氯化二羰基铱配合物内部的分解速度。在这种情况下，晶体会长时间保留其原始外部轮廓。一氧化碳与金属铱的结合要比与钌形成相应的羰基配合物弱得多。

通过五氧化二磷保护，该配合物可以保存长时间不分解。在140℃，由于一氧化碳气体的逸出该配合物熔化成棕色液体。在空气中加热时燃烧，特别是在有氧气存在时燃烧特别激烈，同时形成明亮的金属镜。

当二氯化二羰基铱配合物 $Ir(CO)_2Cl_2$ 被引入到水中时，会出现黑色沉淀并释放出一氧化碳。沉淀物由氧化铱组成，而所有氯气都以盐酸形式进入溶液。浓盐酸和氢氧化钾会非常缓慢地分解羰基配合物，释放出一氧化碳。

3.6.9.2 二氯化二羰基铱配合物 $Ir(CO)_2Cl_2$ 制取

在反应釜内温度为120℃时，利用干燥不含水气一氧化碳气体与无水的三氯化铱进行合成反应，获得的产物为二氯化二羰基铱配合物。由于该配合物对水非常敏感，因此反应前要彻底干燥一氧化碳气体。在温度达到150℃时合成反应进行得更快；但随着温度的升高配合物的分解也逐渐增加，在达到200℃时会分离出金属铱。

3.6.10 溴化三羰基铱配合物 $Ir(CO)_3Br$

3.6.10.1 溴化三羰基铱配合物 $Ir(CO)_3Br$ 特性

溴化三羰基铱配合物 $Ir(CO)_3Br$ 为棕褐色晶体。溴化三羰基铱配合物 $Ir(CO)_3Br$ 升温到140℃时，在一氧化碳气体保护下升华。在升华时，溴化三羰基铱配合物会解离出金属铱、溴和一氧化碳气体。

棕色鳞片状的溴化三羰基铱配合物 $Ir(CO)_3Br$ 通常不溶解于有机溶液中。在水和吡啶煮沸时会分解并释放出一氧化碳气，此时形成黄色的液体。

从 $IrBr_3 \cdot H_2O$ 和 $IrCI_3 \cdot H_2O$ 中获得的该配合物在一氧化碳气体保护气氛中，加温到115℃时，在2~3h后该羰基物被升华净化。温度高于150℃时会强烈分解。

3.6.10.2 溴化三羰基铱配合物 $Ir(CO)_3Br$ 制取

在高压釜中，原料为 K_2IrBr_6，在温度为125℃、一氧化碳气体压力为20MPa时，进行合成反应24h后，可获得棕褐色溴化三羰基铱配合物 $Ir(CO)_3Br$。

3.6.11 二溴化三羰基铱配合物 $Ir(CO)_3Br_2$

3.6.11.1 二溴化三羰基铱配合物 $Ir(CO)_3Br_2$ 特性

二溴化三羰基铱配合物 $Ir(CO)_3Br_2$ 为浅黄色，挥发性较小。在真空中该配合物不稳定，在几分钟之内立即分解。

3.6.11.2　二溴化三羰基铱配合物 $Ir(CO)_3Br_2$ 制取

以 K_2IrBr_6 为原料，在一氧化碳气体为通常的压力、温度150℃、合成反应要进行5~6天后，获得二溴化三羰基铱配合物 $Ir(CO)_3Br_2$。该羰基物为浅黄色，挥发性较小。

该配合物也可以利用将三溴化铱水合物与溴化三羰基铱配合物 $Ir(CO)_3Br$ 混合一起，在加温到150℃时，通入一氧化碳气体获得。

或从含有 $Ir(CO)_3Br$ 的混合物中，在115℃下蒸馏2~3h后，获得二溴化三羰基铱配合物 $Ir(CO)_3Br_2$。

3.6.12　二溴化二羰基铱配合物

以 K_2IrBr_6 为原料，在一氧化碳气体存在情况下形成二溴化二羰基铱配合物 $Ir(CO)_2Br_2$。

3.6.13　碘化三羰基铱配合物 $Ir(CO)_3I$

3.6.13.1　碘化三羰基铱配合物 $Ir(CO)_3I$ 特性

碘化三羰基铱配合物 $Ir(CO)_3I$ 在温度为150℃的一氧化碳气体气氛中升华，为美丽的深褐色，几乎是黑色的晶体。由于该羰基配合物具有强烈的分解作用，所以得到的产物数量很少。

3.6.13.2　碘化三羰基铱配合物 $Ir(CO)_3I$ 制取

在高压釜内，温度为120℃，一氧化碳气体压力20MPa时，以 K_2IrI_6 为原料，进行合成反应可以获得碘化三羰基铱配合物 $Ir(CO)_3I$。

以 $IrI_3 \cdot H_2O$ 为原料，高压釜内温度为150℃，一氧化碳气体压力为20MPa时，合成反应进行3~4天后可形成少量的碘化三羰基铱配合物 $Ir(CO)_3I$。将碘化三羰基铱配合物 $Ir(CO)_3I$ 加热到115℃，在30h内升华，同时分离出几乎与 $Ir(CO)_3I$ 相等的 $Ir(CO)_2I_2$ 配合物。

3.6.14　二碘化二羰基铱配合物 $Ir(CO)_2I_2$

二碘化二羰基铱配合物 $Ir(CO)_2I_2$ 制取：以 $IrI_3 \cdot H_2O$ 为原料，在150℃进行反应可得到黄色的二碘化二羰基铱配合物 $Ir(CO)_2I_2$，同时获得 $Ir(CO)_2I$。该配合物在水中逐渐被分解衰变。

碘化物存在情况下，形成的二碘化二羰基铱配合物 $Ir(CO)_2I_2$ 变得清晰。

在碘化物的实验中，形成二碘化二羰基铱配合物，此时有元素碘会沉淀在反应釜器壁上。

$$2IrI_3 + 4CO \longrightarrow 2Ir(CO)_2I_2 + I_2$$

在更多情况下，将铜粉末和卤化铱混合后，卤化铱还原为金属铱，此时金属铱不和一氧化碳进行合成反应，却和金属铜形成羰基配合物，如CuCOCl、CuCOBr、CuCOI，高压釜墙壁被晶体CuCOCl、CuCOBr、CuCOI覆盖。

3.7 羰基铂配合物

3.7.1 羰基铂配合物的种类及其性质

羰基铂配合物的种类及性质见表3-14和表3-15。

表3-14 羰基铂配合物的种类及性质

性质	羰基铂配合物种类			
	四羰基铂配合物	二氯化羰基铂配合物	二氯化二羰基铂配合物	四氯化三羰基铂配合物
分子式	$Pt(CO)_4$	$PtCOCl_2$	$Pt(CO)_2Cl_2$	$Pt_2(CO)_3Cl_4$
状态	红色溶胶	空心针状，黄色或橙黄色	升华获得无色长针晶体	橙黄色针状
升华温度/℃				
融化温度/℃		195	142	130
分解温度/℃	250	300	250	250
溶解	不能溶解于水、乙醇		四氯化碳	
敏感性	空气、氧气			

表3-15 羰基铂配合物的种类及性质

性质	羰基铂配合物种类				
	六氯化二羰基铂配合物	二溴化羰基铂配合物	二碘化羰基铂配合物	氢化羰基铂配合物	硫化羰基铂配合物
分子式	$Pt(CO)_2Cl_6$	$PtCOBr_2$	$PtCOI_2$	$H[PtCOX_3]$（X：Cl；I）	PtCOS

续表 3-15

性质	羰基铂配合物种类				
	六氯化二羰基铂配合物	二溴化羰基铂配合物	二碘化羰基铂配合物	氢化羰基铂配合物	硫化羰基铂配合物
状态	金黄色晶体	红色针形晶体			
升华温度/℃					
融化温度/℃	140	177			
分解温度/℃	105	182			
溶解		溶于水			
敏感性	吸潮水解				

3.7.2 四羰基铂配合物 $Pt(CO)_4$

3.7.2.1 四羰基铂配合物 $Pt(CO)_4$ 性质

四羰基铂配合物 $Pt(CO)_4$ 不能与水、乙醇、乙醚、氯仿、丙酮、盐酸、硫酸、氢氧化钠进行化学反应。该配合物中的一氧化碳不会被氢或其他气体置换，并且也不会在真空中发生分解；在250℃时会释放出来一氧化碳气体；可以在氧气气氛中煅烧。

当一氧化碳进入稀释氯丁酸盐的水溶液后，获得透明红色溶胶。胶体颗粒是由基团组成的 $Pt(CO)_n$。在加热蒸发过程中，它会在空气、氧气、过氧化氢、醇和丙酮中从红色变为黑色，并释放出一定量的气体。

3.7.2.2 四羰基铂配合物 $Pt(CO)_4$ 制取

鲍林根据量子理论得出结论：铂金属可以和一氧化碳气体进行合成反应，形成四羰基铂配合物。从实验室获得实验数据也证明了四羰基铂配合物 $Pt(CO)_4$ 的存在。例如，在室温下铂黑粉末可以吸收铂黑粉末重量约 0.33% 的一氧化碳气体，在铂金属的表面形成羰基铂配合物。

在铂的表面上吸附一氧化碳气体与温度的关系见表 3-16。

表 3-16 铂的表面上吸附一氧化碳气体与温度的关系

物质	吸附一氧化碳/$mL \cdot mL^{-1}$		
	25℃	110℃	218℃
铂屑	0.20	0.85	0.45
铂黑色的粉末	18.0	19.70	—

铂金与一氧化碳反应后，不催化乙烯与氢的反应。一氧化碳只能够被白金吞噬，从而防止氢的吸附。

3.7.3 二氯化羰基铂配合物 $PtCOCl_2$

3.7.3.1 二氯化羰基铂配合物 $PtCOCl_2$ 特性

二氯化羰基铂配合物 $PtCOCl_2$ 结晶时呈现长条、空心针状，黄色或橙黄色，具有抗磁性。

二氯化羰基铂配合物 $PtCOCl_2$ 为橙红色、透明层状物质。当温度加热到300℃时会分解。

$$PtCOCl_2 \longrightarrow Pt + COCl_2$$

在温度高于160℃时，处在真空条件下会分解。

$$PtCOCl_2 \longrightarrow PtCl_2 + CO$$

水能够破坏该配合物，按下列方程进行：

$$PtCOCl_2 + H_2O \longrightarrow Pt + CO_2 + 2HCl$$

在浓盐酸里该配合物容易被溶解而形成柠檬黄色液体，可能形成复合酸。

$$PtCOCl_2 + HCl \longrightarrow H[PtCO_3Cl_3]$$

盐酸中二氯化羰基铂配合物在真空蒸发至干后，会有微量的金属铂形成。当在水浴中蒸发时，即使反复添加盐酸也会发生完全分解。二氯化羰基铂配合物 $PtCOCl_2$ 在盐酸溶液中氯化汞还原为甘汞和金属汞。

二氯化羰基铂配合物 $PtCOCl_2$ 在氰酸溶液中会沉淀出深色絮状沉淀物，即含有一氧化碳的黄色和红色无定形盐沉淀物形成了。用草酸或草酸钾可得到硫黄色的无定形沉淀物，该沉淀物溶解于过量的试剂中，加热到100℃，该沉淀物可稳定不水解。与可溶性氯化物能够形成 $Me[PtCOCl_3]$ 复合类型的盐。氯化钠、钾铵和锌析出黄色晶体，遇水分解，与有机配合物（戊胺、苯胺或喹啉）的氯化物一起结晶。如果将二氯化羰基铂配合物 $PtCOCl_2$ 和喹啉的盐酸溶液混合则形成浅黄色针状结晶，连接非常稳定，它溶于温水、烈酒和醋醚，在166℃熔化并分解。

从 $PtCOCl_2$ 混合盐酸溶液和苯肼中不会沉淀出复合盐，可从乙酸溶液中沉淀出浅棕色无定形沉淀物。在冷状态下，可很好地溶于乙酸乙醚中，蒸发这种溶液后可获得黄色组成 $PtCOCl_2 \cdot C_6H_5N_2H_3 \cdot HCl$。

该配合物在100℃时可被水解，形成含有羰基物 $HPtCOCl_3$ 的溶液，该溶液在冷却过程中会释放出橙黄色的针状物 $PtCOCl_2 \cdot C_6H_5N_2H_3 \cdot HCl$。

该配合物溶于乙醇和乙酸乙酯且溶解性好，同时也能够从这些溶液中以谷针状结晶。在冷却过程中，可从热的羰基溶液中释放出橙黄色的针状物。该配合物在苯、二硫化碳、乙醚中几乎不溶，可被硫酸分解，在盐酸中的分解按照下面流程进行。

$$PtCOCl_2 \cdot C_6H_5N_2H_3 \cdot HCl \longrightarrow PtCOCl_2 + C_6H_5N_2H_3 + HCl$$

$PtCOCl_2$ 与盐酸戊胺的混合溶液呈现金黄色的晶体。该配合物可溶于稀盐酸，并从中重结晶；容易溶解酒精、乙酸中；更难在醚、硼、氯气中溶解；在水中该配合物会分解；在184℃融化；当温度高于熔点时会分解。

$PtCOCl_2$ 可在盐酸苯胺中沉淀出油状、发亮的黄色片剂。容易溶解在温盐酸中，容易溶解在酒精和乙酸中。随着快速加热，它们在210~212℃熔化发黑并放出气体。

$PtCOCl_2$ 不能够被加热的浓硫酸分解。酒精能够使配合物析出金属铂，它溶解在四氯化碳中；当气态氨进入这种溶液时，形成具有两个分子的配合物 $NH_3 \cdot PtCOCl_2 \cdot 2NH_3$，与乙烯结合会形成 $PtCOCl_2 \cdot C_2H_3$。

二氯化羰基铂配合物可能是二聚体 $[PtCOCl_2]_2$ 或者 $[Pt_2(CO)_2Cl_4]$。

粗羰基氯化物与吡啶混合会形成深绿色溶液。水能够分解该羰基物，会迅速地析出铂。粗羰基物在吡啶中可变成深绿色，蒸发后变成树脂质。如果将 $PtCOCl_2$ 配合物的盐酸溶液加入到吡啶水溶液中，则得到相同的物质，它可溶于除水以外的所有常用溶剂。该配合物成分 $PtCOCl_2 \cdot C_5H_5N$ 具有碱性，可以附加有 HCl 和 HBr。该配合物 $PtCOCl_2 \cdot C_5H_5N$ 结晶后会呈现淡黄色，在冷水中缓慢分解，加热时会快速分解，在熔点127~129℃时分解，25℃时在乙醇中的溶解度为0.069g/100mg。

在 $PtCOCl_2$ 和吡啶盐酸盐的溶液中可沉淀出 $PtCOCl_2 \cdot C_5H_5N$ 的金黄色光泽棱柱配合物。该配合物在稀盐酸中重结晶，长时间与水接触它们会变黑，易溶于普通溶剂。

如果用吡啶的醇溶液进行反应，可观察到有气体逸出并沉淀出淡黄色晶体。再加热吡啶的溶液进行再结晶，从冷藏的溶液中沉淀出黄绿色的针状晶体，其组成如下：

$$\begin{array}{l} PtCOCl \cdot C_5H_5N \\ | \\ PtCOCl \cdot C_5H_5N \end{array}$$

在水浴中用氨气蒸发时，几乎干燥的配合物会发光并燃烧。$[PtCOCl \cdot C_5H_5N]_2$ 在水中会分解。可溶解在乙醇和甲醇中、在苯酚和氯仿中；在后一种溶剂中，它总是部分分解；在醚、石油醚和二硫化碳中，该配合物几乎不溶。

3.7.3.2 二氯化羰基铂配合物 $PtCOCl_2$ 制取

在惰性气体保护下，将二氯化二羰基铂配合物 $Pt(CO)_2Cl_2$ 加热到 250℃时会失去一个一氧化碳分子后转变为二氯化羰基铂配合物 $PtCOCl_2$。

将海绵状铂金和氯气与一氧化碳气体混合物加热到 240~250℃就会获得二氯化羰基铂配合物 $PtCOCl_2$。在二氧化碳气氛中加热到 250~260℃升华；或者在四氯化碳中通过重结晶获得二氯化羰基铂配合物 $PtCOCl_2$。

3.7.4 二氯化二羰基铂配合物 $Pt(CO)_2Cl_2$

3.7.4.1 二氯化二羰基铂配合物 $Pt(CO)_2Cl_2$ 特性

二氯化二羰基铂配合物 $Pt(CO)_2Cl_2$ 大量聚集时呈现淡黄色，结晶为长针形状，升华净化后可获得无色的晶体，在 142℃融化成黄色透明液体，具有抗磁性，磁导率——0.37×10^3；摩尔——120×10^3；密度 $d_4^{25}=3.4882$，摩尔体积为 92.3。

在干燥的空气中，二氯化二羰基铂配合物 $Pt(CO)_2Cl_2$ 加热到熔化前，不会发生变化。当温度高于 142℃，该配合物会释放出一氧化碳气体而变硬。它在 190℃会再次熔化，并在更高的温度下分解，在 210℃转化为 $Pt_2(CO)_3Cl_4$，损失 1mol 的 CO。

在惰性气体保护下加热到 250℃时，会失去一氧化碳气体并变成 $PtCOCl_2$。在室温的干燥氢气中，二氯化二羰基铂配合物 $Pt(CO)_2Cl_2$ 不分解。该配合物在熔化的温度下会被还原，获得金属铂。在 80~90℃的氯气下该配合物不能破坏。在 150℃时失去光气，残留深红色液体，该深红色液体在 120℃时变硬，为透明的胭红无定形物质，而后就呈现出氯化羰基铂。

在一氧化碳气氛中，升华结成白色针形式晶体，快速溶解在水中。

$$Pt(CO)_2Cl_2 + H_2O \longrightarrow Pt + CO_2 + CO + 2HCl$$

在盐酸中由于失去 1mol 一氧化碳气体而形成二氯化羰基铂溶液，溶解于四氯化碳。当氨气在这种溶液中通过时，会形成 2mol 的配合物（$NH_3:Pt(CO)_2Cl_2:2NH_3$）。

通过对 $Pt(CO)_2Cl_2$ 的偶极矩（$m = 4.65\pm0.05$）以及该配合物在苯和四氯化碳中的低溶解度研究，得出结论：该配合物具有顺式构型。

3.7.4.2 二氯化二羰基铂配合物 $Pt(CO)_2Cl_2$ 制取

利用海绵铂为原料，在温度为 240~250℃时处理氯气与一氧化碳气体混合气体，可获得二氯化二羰基铂配合物 $Pt(CO)_2Cl_2$。

在温度为 240～250℃下，在干燥的一氧化碳流中或者在一氧化碳气体与二氧化碳气体混合气体中，二氯化铂会产生黄色的部分结晶及部分絮凝的配合物 $Pt(CO)_2Cl_2$ 和 $Pt_2(CO)_3Cl_4$。该混合物在一氧化碳气体保护下，加热到 150℃后可缓慢地蒸馏剥离出 $Pt(CO)_2Cl_2$。为了分离，可以使用沸腾的四氯化碳进行浸提，因为羰基物 $Pt(CO)_2Cl_2$ 的溶解度比羰基物 $Pt_2(CO)_3Cl_4$ 的低。

利用氯和一氧化碳混合物气体，温度为 240～250℃时，在淡黄色针状的铂金海绵上或橙色结晶液体相互作用下，可获得氯化二羰基铂配合物。

利用四氯化铂原料，先处理四氯化铂转化为二氯化铂时，在二氧化碳气氛下，加热温度到 300℃，合成反应进行 2h 后，可获得二氯化二羰基铂配合物。

以氯化铂为原料，在温度为 120～150℃时与一氧化碳气体进行合成反应，可生成二氯化二羰基配合物 $Pt(CO)_2Cl_2$。

在高压釜中温度为 140℃、一氧化碳气体压力为 35MPa 时，用一氧化碳处理 $PtCl_2$ 或者 $PtCl_4$ 化合物也可以获得二氯化二羰基配合物 $Pt(CO)_2Cl_2$。在这些反应中，特别利用 $PtCl_4$ 原料进行合成反应，会生成光气。

在 150℃，在一氧化碳气体保护下升华 $PtCOCl_2$ 也可获得二氯化二羰基铂配合物 $Pt(CO)_2Cl_2$。

3.7.5　四氯化三羰基铂配合物 $Pt_2(CO)_3Cl_4$

3.7.5.1　四氯化三羰基铂配合物 $Pt_2(CO)_3Cl_4$ 特性

四氯化三羰基铂配合物 $Pt_2(CO)_3Cl_4$ 呈橙黄色针状，熔点为 130℃。在温度为 250℃时，可在一氧化碳气体中在升华。

在常压一氧化碳气体中加热时，该配合物是稳定的；当温度达到 250℃时，该配合物会释放出一氧化碳气体，变成 $PtCOCl_2$ 羰基配合物。水能够分解该配合物：

$$Pt_2(CO)_3Cl_4 + 2H_2O \longrightarrow 2Pt + 4HCl + 2CO_2 + CO$$

该配合物同样可在酒精中分解。

Паулинг 鲍林给出了该配合物的结构：

```
       :Cl:       :Cl:
:Ö::C:Pt:C::Ö:Pt:C::Ö:
       :Cl:       :Cl:
```

3.7.5.2 四氯化三羰基铂配合物 $Pt_2(CO)_3Cl_4$ 制取

在240~250℃下以海绵铂金为原料，通入氯气和一氧化碳气体后可获得 $Pt(CO)_2Cl_2+Pt_2(CO)_3Cl_4$ 混合物。该混合物可从沸腾四氯化碳中提取羰基 $Pt_2(CO)_3Cl_4$，冷却后析出晶体，在干燥的二氧化碳流中加热到50℃后除去附着的四氯化碳。该配合物呈橙黄色针状物，熔点为130℃；在温度为250℃时，在一氧化碳气体中升华，配合物 $Pt_2(CO)_3Cl_4$ 出现数量明显增加。

3.7.6 六氯化二羰基铂配合物 $Pt(CO)_2Cl_6$

3.7.6.1 六氯化二羰基铂配合物 $Pt(CO)_2Cl_6$ 特性

六氯化二羰基铂配合物 $Pt(CO)_2Cl_6$ 在室温下具有淡金黄色，加热时变成红色。该配合物在室温下，在干燥的空气、氯气、一氧化碳、二氧化碳中稳定；具有一定的吸湿性，从空气中吸收的水分，加热到105℃时会迅速分解。

$$Pt(COCl_2)_2Cl_2 \longrightarrow Pt + 2COCl_2 + Cl_2$$

备注：

$$Pt(COCl_2)_2Cl_2 = Pt(CO)_2Cl_6$$

该配合物容易溶解于水，少量溶于酒精，不溶于四氯化碳；在加热到熔化的温度下可使用氢气还原；在80~90℃时，氯会引起熔化团块发泡。在115℃再次固化，然后在140℃熔化分解；在真空中加热会部分的分解。

Пуллингеру 拉马认为配合物具有如下结构：

OC—CO
\/
$Cl_3 \equiv Pt \equiv Cl_3$ или

Cl   Cl
\   /
Cl—OC—Pt—CO—Cl
/   \
Cl   Cl

3.7.6.2 六氯化二羰基铂配合物 $Pt(CO)_2Cl_6$ 制取

用一氧化碳和氯的混合物处理海绵铂进行合成反应，得到的原始粗产物，产品中通过萃取后提取羰基物 $Pt(CO)_2Cl_2$ 和 $Pt_2(CO)_3Cl_4$ 以及非挥发性物残留物 $Pt(CO)_2Cl_6$ 和 $Pt(COCl_2)_2Cl_2$。在温度500℃，在干燥的光气作用下形成新沉淀的铂；在250℃，先用氯处理海绵铂，然后通入一氧化碳进行合成反应，可得到一定量的六氯化二羰基铂配合物 $Pt(CO)_2Cl_6$。

3.7.7 二溴化羰基铂配合物 $PtCOBr_2$

3.7.7.1 二溴化羰基铂配合物 $PtCOBr_2$ 特性

二溴化羰基铂配合物 $PtCOBr_2$ 为浅灰色的针状物。它的密度是 $d_4^{25}=5.1154$，分子体积为74.8，在空气中非常稳定，吸湿，在181~182℃时开始融化并少量分解。

根据一些研究结果，该配合物加热到177℃开始融化。在二氧化碳中，熔体逐渐失去一氧化碳，并可能转移$PtBr_2$。苏打水可以使其融化变成黑暗光亮色。当含无机和有机溴化物时，会形成复盐Me[$PtCOBr_3$]。该配合物是非常美丽的晶体，它首先溶于水中呈现红色，但不久后形成黑色沉淀同时释放CO_2和HBr；非常容易溶解于氢溴酸中；使得纯的无水酒精会产生棕红色；该溶液是不稳定的，并且在储存期间分解；不溶解于石脑油；在热苯中溶解非常少；在溶液中HBr可以形成双重有机和无机盐。例如形成黄色针状晶体吡啶配合物$PtCOBr\cdot C_5H_5N\cdot HBr$在加热到203~205℃时开始融化，但是不分解；该配合物溶解于酒精，特别是加热时，水可以分解它。

在溶液中HBr有可能形成复合酸$HPtCOBr_3$，但是不能分离出纯复合酸$HPtCOBr_3$物质。

3.7.7.2 二溴化羰基铂配合物$PtCOBr_2$制取

普鲁格（Пуллигер）以海绵铂为原料，在加热温度低于180℃时通入一氧化碳与溴蒸气混合气体，进行合成反应，形成二溴化羰基铂配合物$PtCOBr_2$。

将$PtBr_2$加热到180℃融化后，通入一氧化碳气体进行合成反应，可获得二溴化羰基铂配合物$PtCOBr_2$和四溴化二羰基铂配合物$Pt_2(CO)_2Br_4$，该配合物是呈橘红色针状。

如果显示酸性溶液，二氯化羰基铂$PtCOCl_2$在溴化氢流中或重新添加氢溴酸的配合物时，通过在水浴中将羰基蒸发至干也会形成二溴化羰基铂配合物$PtCOBr_2$。残留物用热苯浸出，用四氯化碳重结晶。

3.7.8 二碘化羰基铂配合物$PtCOI_2$

3.7.8.1 二碘化羰基铂配合物$PtCOI_2$特性

在空气中该配合物是稳定的，不吸湿的；在加热到140~145℃时会熔化，同时有少量的分解；当略高于熔点时会释放出碘蒸气；不易挥发；水能够解离配合物，形成含碘的深色沉积物；在氢碘酸溶液中形成复合酸$HPtCOI_3$。该配合物的密度$d_4^{25}=5.257$，分子体积为90.7。

3.7.8.2 二碘化羰基铂配合物$PtCOI_2$制取

生产二碘化羰基铂配合物的原料是$PtCOCl_2$或羰基氯化物的混合物。通过将氯和一氧化碳的气体混合物在240~250℃下通过海绵铂，然后在反复添加浓氢碘酸的水浴中将这些获得的产物蒸发至干，并将残留物用热苄基碱化，可获得紫红色棒状沉淀物$PtCOI_2$或$Pt_2(CO)_2I_4$晶体。

3.7.9 硫化羰基铂配合物 PtCOS

1931 年，Л. Пулинг（鲍林）基于量子力学的概念预测羰基铂存在分子式 $Pt(CO)_4$。日本研究员 И. Сано 是第一个分离出这种羰基铂 $Pd(CO)_4$ 配合物的人。А. И. Гельман 观察了 K_2PtCl_4 与 CO 在水溶液表面进行合成反应形成羰基铂配合物的过程。

3.7.9.1 硫化羰基铂配合物 PtCOS 特性

羰基配合物 $[Pt(CO)_2]_x$ 为黑樱桃颜色。在有机溶液中 $x=1$，所以认为形成的配合物是二羰基铂配合物 $Pd(CO)_2$。该配合物在真空中干燥时很容易损失掉大部分的 CO。该硫化羰基铂配合物被加热到 300～400℃时会分解出 Pt、CO_2、S、SO_2；在加热到 100～200℃时氢会取代该配合物中的一氧化碳和硫化氢，将其冲洗而不被水分解。该配合物容易被浓硝酸、王水和硫酸分解；几乎不溶于硫化铵溶液，在普通溶剂中不溶。

3.7.9.2 硫化羰基铂配合物 PtCOS 制取

当将硫化氢 H_2S 送入含有二氯化羰基铂配合物 $PtCOCl_2$ 的盐酸溶液中时，会生成硫化羰基铂配合物 PtCOS 或者硫化羰基铂配合物 $Pt(CO)_2S_2$，其为棕黑色沉淀物。

参考文献

[1] Бёлозерский Н А, Карбонилй Металлов. Москва: Научно. тёхничесоеиздательства, 1958: 27, 255～258, 311～347.

[2] Сыркин В Р. Карбонили Металлов. Москва: Металлургия издательства, 1978: 107～110.

[3] 滕荣厚，等．诸因素对铜-镍羰基法合成镍的影响 [J]. 钢铁研究总院学报，1983，3(1)：38～43.

[4] 刘思林，陈趣山，滕荣厚，等. 镍羰化过程中贵金属富集的研究 [J]. 有色金属，1998 (3).

[5] 滕荣厚，赵宝生. 羰基法精炼镍及安全环保 [M]. 北京：冶金工业出版社，2017: 5～7，105～119.

4 羰基法富集贵金属

4.1 传统的贵金属富集方法[1]

20世纪70年代采用火法熔炼后（酸性加压浸出工艺），不仅可以高效地回收Cu、Ni、Co等贱金属，还可以获得高品位贵金属精矿。

有色金属冶炼工艺流程中通常采用选矿及火法冶炼来分离硅酸盐脉石和铁，使用硫捕捉贵金属，使其富集在铜、镍、铁、硫中。

从含有价金属铜、镍、钴的原料中分离贵金属，既可以提取铜、镍、钴，同时可以提高回收富集贵金属精矿产出率，力求尽快从有价金属铜、镍、钴中分离出贵金属，其实质是富集及提取贵金属载体的技术。最新技术是硫酸加压氧化浸出及氯化浸出贱金属铜、镍、钴，使贵金属富集在溶渣中，同时，传统的缓慢冷却磨浮、镍电解富集和羰基法富集技术仍在使用。从矿石到品位为50%的精矿的富集倍数在各国是不同的（中国150万倍，加拿大80万倍）。

4.2 贵金属一次资源

4.2.1 贵金属一次资源的特性

目前已经发现的贵金属矿物大约有200余种。微量的贵金属通常存在于火成岩中，贵金属以自然金属状态存在于矿物中，主要的工业矿物为砂铂矿物和共生硫化矿。砂铂矿物中主要为Pt、Ir与砂金共生；硫化矿主要与Cu、Ni共生，大约有6种铂族金属。共生矿成分复杂，含有多种金属元素与有价金属共生：Pt、Pd、Rh、Ir、Os、Ru、Au、Ag、Ni、Co、Fe、S等。共生矿是非常宝贵的资源。

4.2.2 贵金属一次资源的冶金现状

4.2.2.1 实施贵金属富集的工艺流程应该具备的特点

贵金属富集首先是将矿石中大量的硅酸盐脉石与矿石中含有的贱金属铁、钴、镍、铜进行有效分离；其次是将大量的有色金属与贵金属分离；再次将富集的贵金属每一个单独分开；最终将每一个单独分开的贵金属元素精炼成纯金属。这是一个非常复杂的系统工程。在实施贵金属富集的工艺流程中，应具备如下特点：

(1) 可以全面回收有价金属，实现资源的综合利用；

(2) 工艺流程可以达到回收的最高经济指标；

(3) 可以达到一定量的产业规模标准；

(4) 可以达到国家规定的劳动生产安全标准；

(5) 可以达到国家规定的环境保护法要求。

目前世界上主要国家的共生矿的冶金工艺流程如图 4-1 所示。

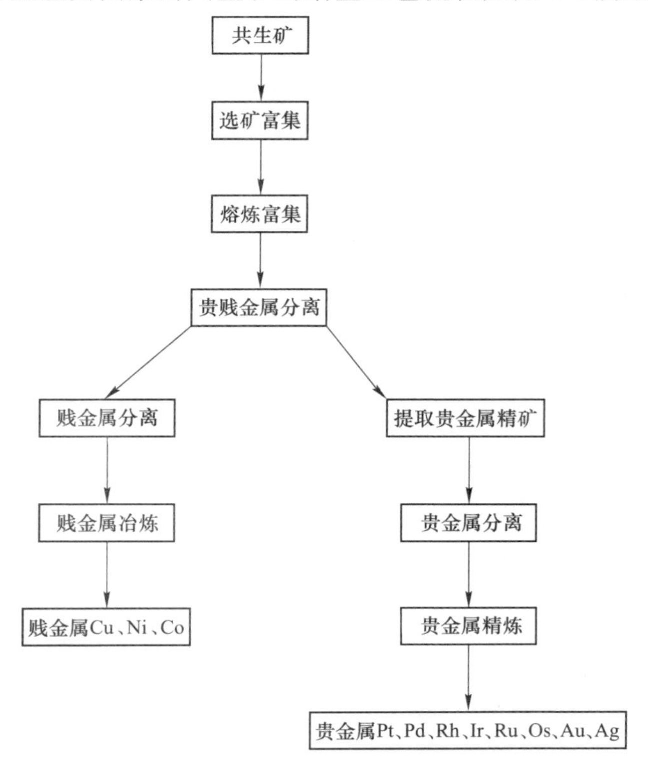

图 4-1 贵金属一次资源富集冶金流程

4.2.2.2 富集提取贵金属的载体工艺新技术

贵金属的有效富集及贵金属的精炼主要包括富集、分离及精炼三个阶段。(1)利用选矿、火法熔炼除去硅酸盐脉石和铁,使得有价金属全部富集到Cu、Ni、Fe、Co、S的硫化物中。用硫来富集贵金属非常有效。(2)贵金属分离富集的工艺流程和回收指标是核心。贵金属富集及精炼的实质是将贵金属从含有价金属Cu、Ni、Fe、Co硫化物的提取冶金中将贵金属分离出来,实现富集提取贵金属的载体工艺流程新技术。

贵金属分离富集工艺主要是在硫酸介质中加压氧化浸出贱金属Cu、Ni、Fe、Co;也可以在氯化物介质中选择性氯化浸出贱金属Cu、Ni、Fe、Co。使得贵金属富集在不溶渣中,然后使含有贵金属的渣进入贵金属精炼冶金系统。

目前,传统的冷凝磨浮工艺流程、有价金属电解工艺流程、羰基法精炼工艺流程仍在使用。

从含有贵金属的一次资源矿石富集贵金属的品位达到50%贵金属精矿的衡量指标是富集倍数,例如,南非为8万倍,加拿大为80万倍,中国金川集团公司为150万倍。

4.3 贵金属二次资源特点

4.3.1 贵金属二次资源特点

贵金属二次资源种类复杂、规模小,重量以克计算。品位相差悬殊,贵金属废料中有含量从百万分之几到百分之百纯贵金属。

4.3.2 贵金属二次资源回收

工业大规模综合性回收工艺流程包括:

(1)贵金属废料预处理,分析含量品位;

(2)吹炼及电解获得贵金属精矿;

(3)贵金属相互分离;

(4)精炼获得贵金属产品。

利用铅银回收贵金属,首先熔炼铅分离杂质,再进行电解分离银获得贵金属。该方法高效可靠。针对Pt、Pd、Rh汽车尾气净化器含有的废催化剂数量大、含量高特点,工艺流程采用等离子体熔炼铁捕捉法、加压高温氰化法,或者直接浸出方法获得。

4.3.2.1 利用铁粉末作为捕捉剂的等离子熔炼法

美国对于 Pt 1220、Pd 170、Rh 140 废催化剂，利用铁粉末作为捕捉剂，碳为还原剂，加石灰石熔剂进行等离子熔炼（废催化剂：石灰石：铁粉末：碳=100：10：1~3：1）。在熔炼温度为1500℃时，可获得含有7%贵金属的磁性铁合金。贵金属回收率 Pt>99%，Pd>98%，Rh 87%。工艺流程如图4-2所示。

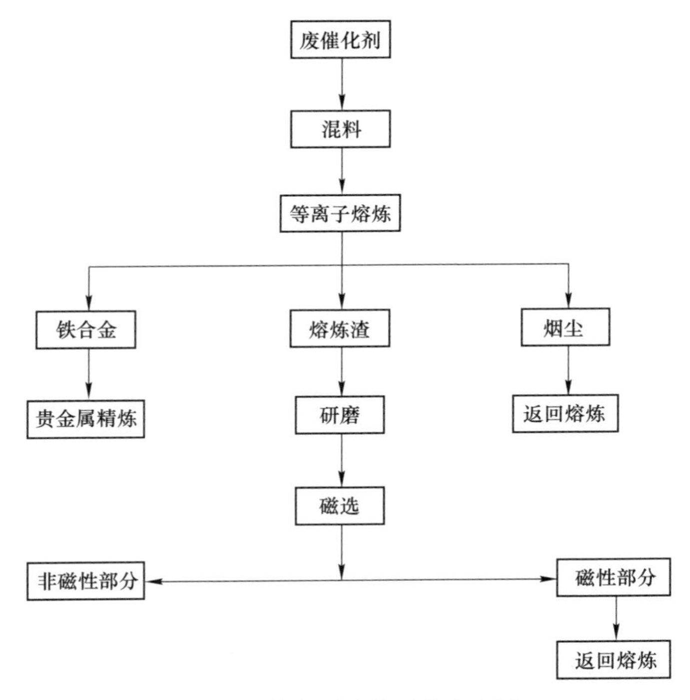

图4-2 等离子熔炼回收贵金属

4.3.2.2 加压氰化法回收贵金属法

对于 Pt、Pd、Rh 含量为1000~2000g/t 汽车废催化剂我国采用加压氰化法回收贵金属，回收率达到：Pt 95%~96%，Pd 97%~98%，Rh 90%~92%。工艺流程如图4-3所示。

4.3.2.3 盐酸体系加次氯酸钠和双氧水浸出法

日本对于含有 Pt、Pd、Rh 的汽车废催化剂回收（氢还原预处理）后，用盐酸体系加次氯酸钠和双氧水浸出，浸出温度65℃，时间3h。回收率达到：Pt 88%，Pd 99%，Rh 77%。工艺流程如图4-4所示。

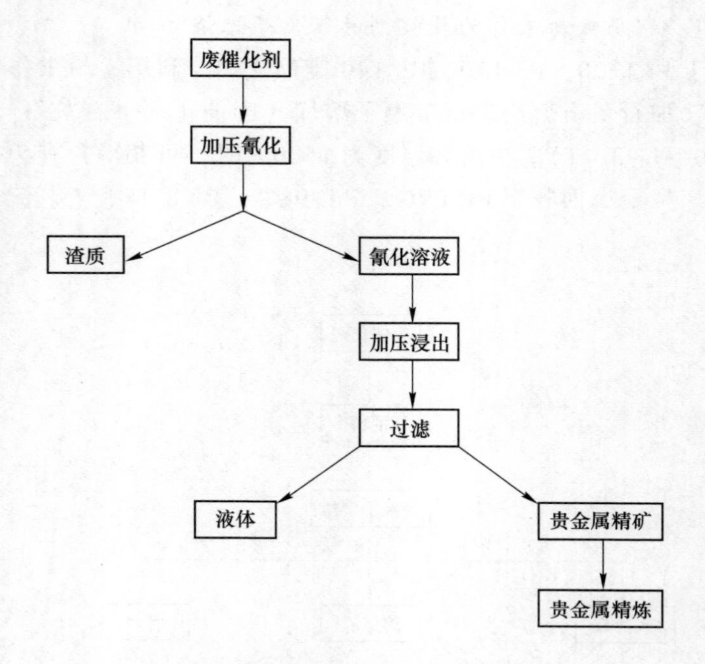

图 4-3　废催化剂氰化加压浸出回收贵金属流程

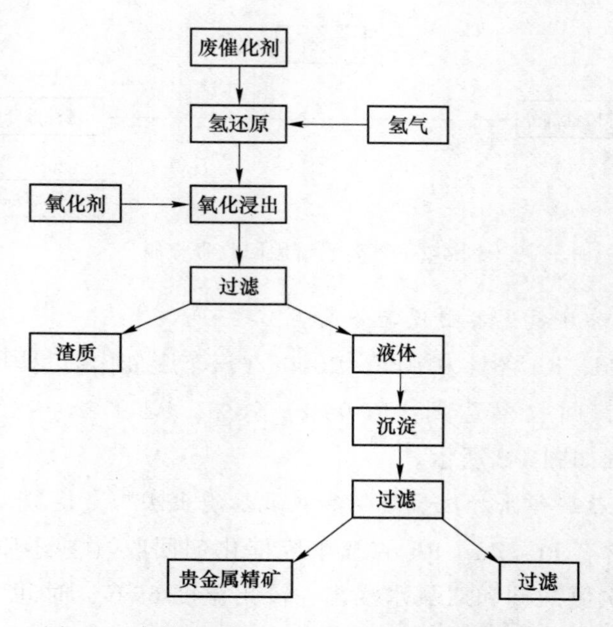

图 4-4　废催化剂氢化加压浸出回收贵金属流程

4.4 羰基法富集贵金属的独特优点

4.4.1 羰基法富集贵金属工艺流程简单

对含有贵金属的一次资源和回收含有贵金属的废物资源，通过焙烧、熔炼及雾化颗粒工序，可获得具有活性的原料；在反应釜中设定一定温度及压力，利用一氧化碳气体与原料中的贱价金属铁、钴、镍等金属元素，进行合成反应，形成羰基金属配合物；形成的羰基金属配合物进入精炼系统；将贵金属富集在渣中达到富集结果。工艺流程如图 4-5 所示。

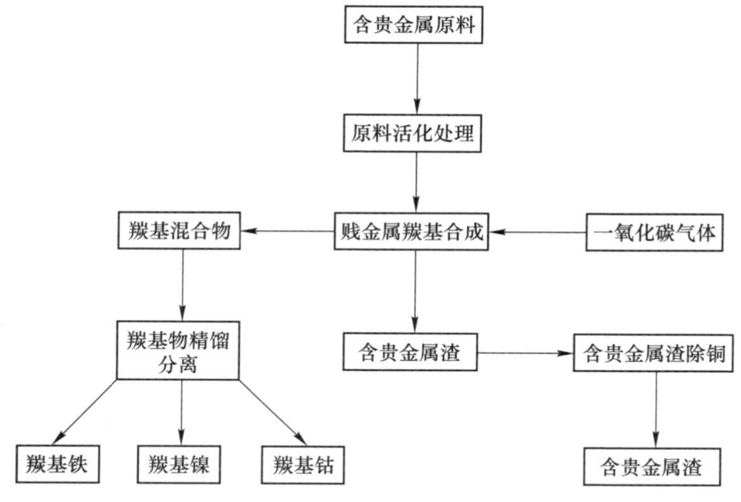

图 4-5 羰基法富集贵金属工艺流程

4.4.2 羰基法分离贱金属彻底

在含有贵金属一次资源精矿中，例如镍冰铜、一次铜镍合金、阳极泥、烟道灰及回收废料等，应根据不同原料选择工艺流程，如常压羰基法、中压羰基法及高压羰基法工艺流程，根据合成反应不同阶段设计工艺参数及操作制度，羰基镍合成率可以达到 97%~99%；羰基铁合成率可以达到 85%~90%；羰基钴合成率可以达到 90%~95%，可见羰基法分离贱金属彻底。

4.4.3 羰基法分离贱金属过程中贵金属不损失

利用常压羰基法和中压羰基法分离贱价金属镍、铁、钴等金属元素时，贵金属难于形成羰基配合物；但是在利用高温高压羰基法分离贱价金属镍、铁、钴等金属元素时，贵金属元素容易形成羰基配合物。因为羰基合成反应在高温高压下，非常接近贵金属形成贵金属羰基配合物条件（温度200~250℃，一氧化碳气体压力25~35MPa），所以，在高温高压合成反应进入后期及末期时，为确保贵金属不会流失，一定将温度及一氧化碳气体压力调制到中压羰基法以下条件。在采用转动釜羰基合成时一定要将转数调到最低，以防止残渣磨碎，含有贵金属的粉末被一氧化碳气流携带走，造成贵金属流失。

4.4.4　羰基法富集贵金属节能环保工艺

在利用羰基法富集贵金属，合成羰基铁、钴、镍时，只是在起始反应时加热到150~200℃，当羰基合成反应开始后就会立刻放出大量热。例如：

合成1mol羰基镍配合物放热39.1kcal/mol=163.4kJ/mol

$$Ni + 4CO \xlongequal{} Ni(CO)_4 + 39.1kcal/mol = 163.4kJ/mol$$

合成1mol羰基铁配合物放热43.5kcal/mol=194.4kJ/mol

$$Fe + 5CO \xlongequal{} Fe(CO)_5 + 43.5kcal/mol = 194.4kJ/mol$$

为了防止高压反应釜内部温度过高产生逆反应，此时需要冷却降温。从合成反应开始直到合成反应结束，无废液和废渣排放。

4.5　羰基法富集贵金属工艺参数设计及操作原则

4.5.1　羰基合成温度和压力控制

设计羰基合成温度和压力时，要避开贵金属合成条件，保障贵金属不参加合成反应。

4.5.2　根据羰基合成反应阶段设定参数

应精确设计羰基合成的初始期、高潮期、后期及末尾期的工艺参数和操作制度，在保障羰基合成有效分离出金属时，贵金属几乎不流失。在含有贵金属铜-镍合金羰基合成工艺中，合成反应初期及中期合成阶段，贵金属形成羰基配合物几乎为零，因为铜镍合金中的贵金属还没有太多被暴露；当合成工艺进入末期，镍及铁被提取80%~95%后，贵金属会在铜的骨架上暴露，此时，活化的贵金属能够形成羰基配合物。所以，当镍合成率达到

>95%时，应该立刻停止合成，最好利用氮气置换反应釜内的一氧化碳气体防止贵金属生成羰基配合物。

4.5.3 防止残渣灰尘流失

富集有贵金属的残渣为海绵体，残渣的强度很低，非常容易破碎。所以在羰基合成反应的后期及末期操作时，应防止一氧化碳强气流冲击原料导致破碎；转动釜应减低转数或者停止转动，尽可能保留残渣的原始状态，以减少含有贵金属的残渣粉末流失。

4.5.4 中压羰基法

含有贵金属的铜-镍合金，经过高压水雾化后，原料具有高度活性时，采用中压羰基合成工艺是最佳的选择。这样可以抑制贵金属形成羰基配合物，提高贵金属回收率。

4.6 羰基法分离铁钴镍富集贵金属

4.6.1 常压羰基法富集贵金属

加拿大国际镍公司科里达奇羰基镍精炼厂常压羰基法精炼镍及富集贵金属工艺流程，使用的典型含有贵金属的原料为：75.2%Ni，25%Cu，0.7%Co，0.3%Fe，0.2%S，常压羰基法富集贵金属工艺流程如图4-6所示。

含有贵金属的镍冰铜原料经过粉碎，经过筛分60目占97%（粒度为0.25mm）。粉碎物料在650~750℃进行焙烧脱硫，获得海绵状的氧化物（氧化镍、氧化铁及硫化物）。海绵镍在还原窑加热390~410℃用氢气还原，还原后的海绵镍用H_2S进行活化处理，然后进入合成窑进行合成反应，合成产物羰基镍、羰基铁及羰基钴进入热分解工序。常压羰基法镍合成率达到90%~95%，残渣料中富集贵金属及铜，残渣经过除铜后进入精炼贵金属工序。

4.6.2 中压羰基法富集贵金属

加拿大国际镍公司铜崖精炼厂是利用中压羰基法精炼镍，从而达到富集贵金属的典型实例。该工艺主要原料是含有贵金属铜镍合金、硫化镍残极及废料。该工艺利用卡尔多转炉氧气顶吹脱硫，熔体经高压水雾化获得活性颗

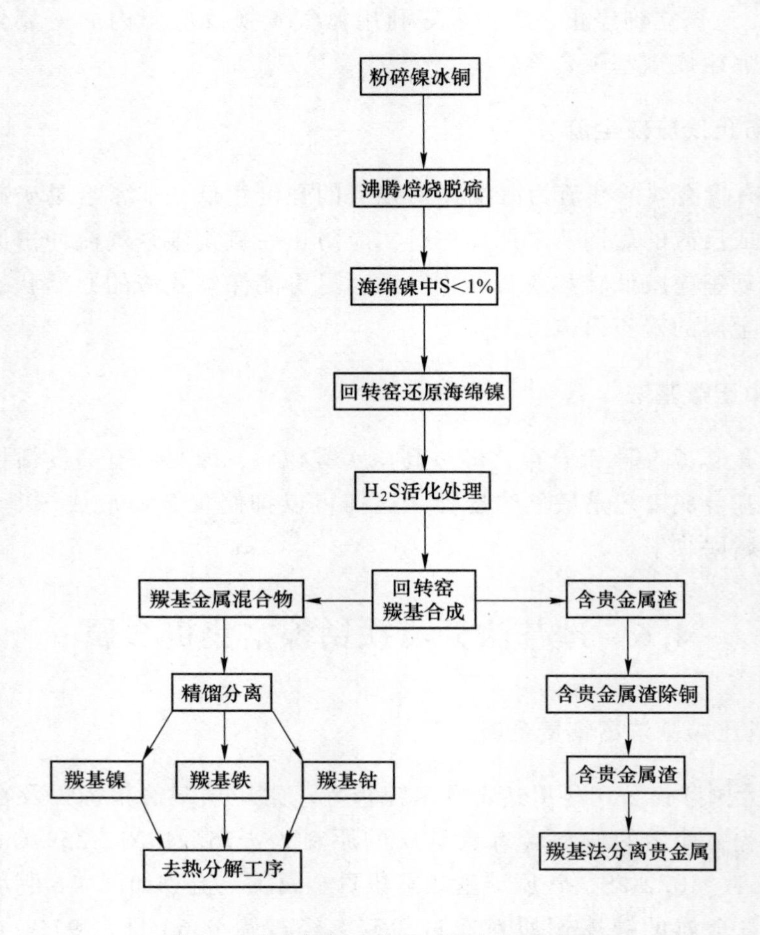

图 4-6　常压羰基法富集贵金属工艺流程

粒原料，在转动合成釜进行羰基合成反应，一氧化碳气体压力为 6～7MPa，温度为 170～180℃，镍羰化合成率达到 95%～99%，有效地将贵金属富集在残渣中。中压羰基法富集贵金属工艺流程如图 4-7 所示。

4.6.3　高压羰基法富集贵金属

高压羰基法最早在第二次世界大战前被德国 BASF 公司提出。其主要原料为含贵金属的高冰镍、阳极泥及其他废料。原料颗粒度为 10～30mm，在高压釜中一氧化碳气体加压到 20～30MPa，温度为 180～200℃时合成周期为 3～4 天。镍合成率达到 95%～98%。铜及贵金属保留在渣中。高压羰基法富集贵金属工艺流程如图 4-8 所示。

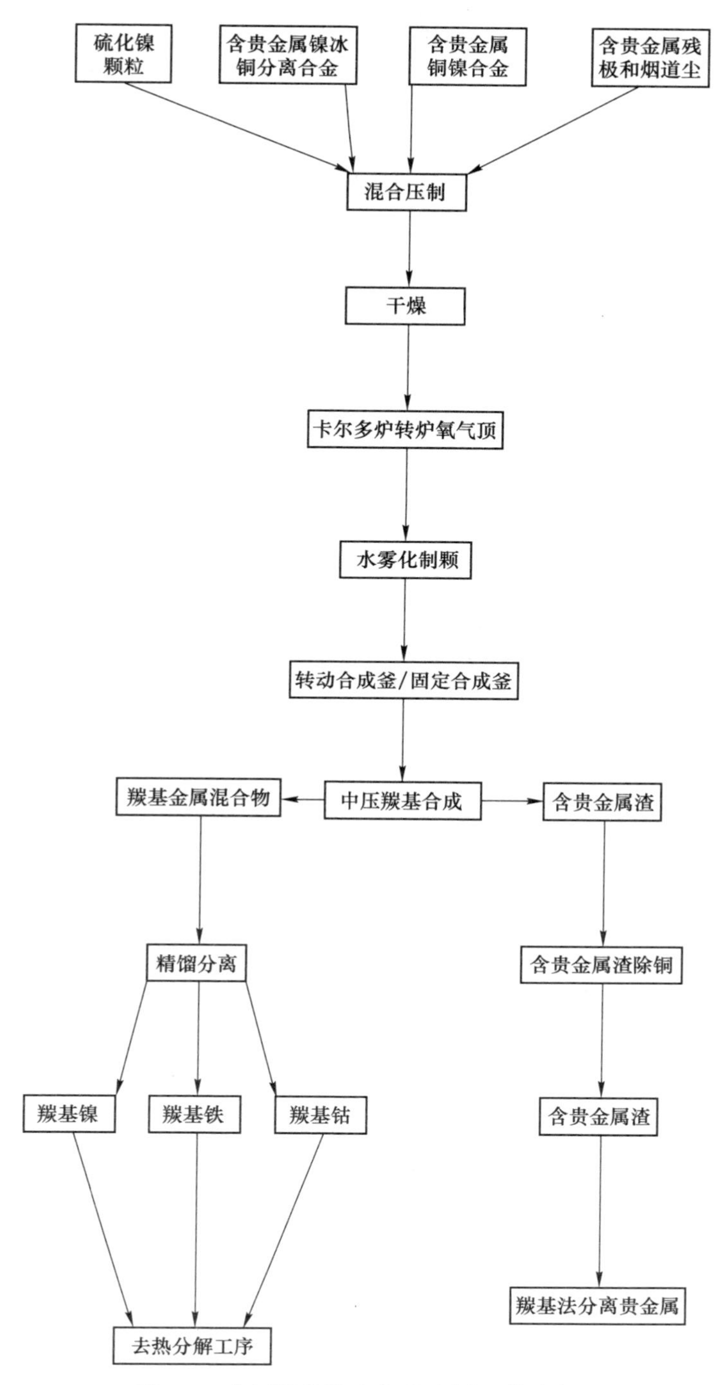

图 4-7 中压羰基法富集贵金属工艺流程

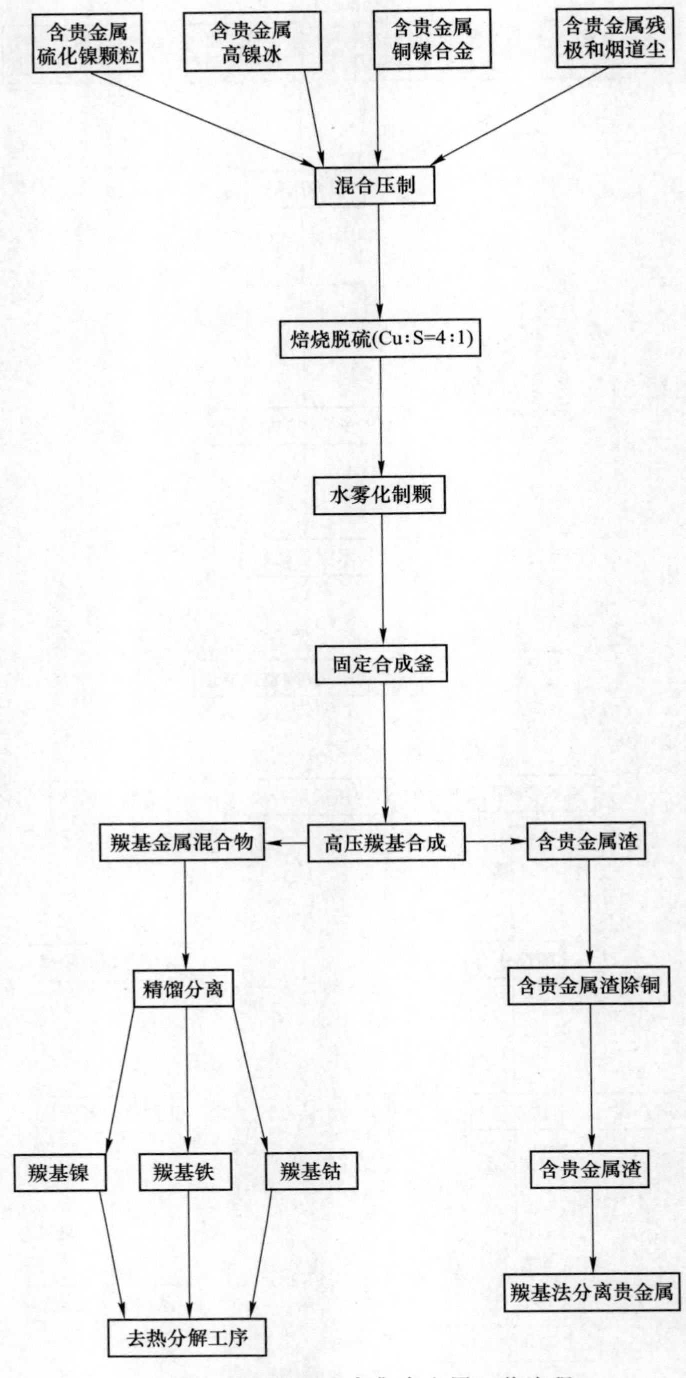

图 4-8 高压羰基法富集贵金属工艺流程

4.7 羰基法富集贵金属研究具体实例

20 世纪 70 年代，为了进一步进行金川资源的综合利用，冶金工业部下达“羰基法富集贵金属的研究”课题，由钢铁研究院羰基金属实验室、金川集团公司和昆明贵金属研究所组成联合科研攻关团队，利用金川集团公司原料进行羰基法精炼镍及贵金属富集的研究。通过对于含有贵金属原料的活化处理、羰基法合成压力、温度及合成时间一系列研究，取得了将原料中含有的贵金属富集到 3~4 倍成果。证明了合理选择及利用羰基法精炼镍的工艺条件，完全可以高效地富集原料中的贵金属。

在含有贵金属的铜-镍合金原料，利用羰基法分离原料中镍、铁和钴，可以把原料中含有的铜、金、银、铂、钯、铑、铱、锇、钌元素等富集在羰基合成残渣中。羰基法精炼工艺流程的设计，一方面是尽快分离贱金属，另外一方面就是高效富集贵金属。

为了系统研究富集金川集团公司原料中贵金属，在羰基冶金实验室特设计了两组实验。实验一探讨分离效果；实验二研究在羰基合成反应过程中贱金属和贵金属的行为。

4.7.1 实验一：羰基法富集贵金属的研究

实验目的：探讨利用羰基法，从金川集团公司含贵金属一次资源原料中分离贱金属、富集贵金属的羰基合成条件和富集贵金属的效果。

4.7.1.1 实验原料、设备及技术条件

A 原料的配制[2~4]

由于金川集团公司高硫磨浮铜-镍合金中的金、银及铂族金属含量较少，不容易准确地分析它们在羰基合成过程中的变化，因此，为了配制含有高品位金、银及铂族金属含量的铜-镍合金。要在高硫磨浮铜-镍合金中加入含有高品位贵金属的阳极泥及一定含量的银。根据羰基合成工艺的技术要求，混合配制不同比例的粗料。粗料经过高频感应炉熔炼、雾化水淬、干燥及筛分后，获得具有高活性、不同粒度与化学成分的羰基合成原料。原料的化学成分见表 4-1，原料的贵金属化学成分见表 4-2。

表 4-1 原料的化学成分

序号	粒度/mm	化学成分/%					
		Ni	Fe	Co	Cu	S	Ag
1	<2.0	56.6	13.2	1.4	19.5	5.8	0.11

续表 4-1

序号	粒度/mm	化学成分/%					
		Ni	Fe	Co	Cu	S	Ag
2	>2.0	56.9	13.5	1.1	20.6	4.3	0.15
3	<0.8	56.7	6.12	1.7	21.0	6.2	0.014
4	0.8~2.0	57.1	5.8	1.0	21.8	4.5	0.024
5	<0.8	62.0	0.84	0.47	31.9	4.9	—

表 4-2　原料的贵金属化学成分

序号	粒度/mm	化学成分/$g \cdot t^{-1}$						
		Au	Pt	Pd	Rh	Ir	Os	Ru
1	<2.0	376	1220	693	108	136	78	230
2	>2.0	391	1360	765	109	137	80	248
3	<0.8	49	140	59	4.9	13.8	5.7	14.3
4	0.8~2.0	53	140	61	6.9	17.2	8.7	23.7
5	<0.8	—	9.8	7.7	0.9	2.4	1.0	1.5

对于水雾化后获得的合金颗粒 3 号样品进行 X 光衍射分析，确定合金颗粒的主要相位为 Ni-Cu-Fe 固溶体，其次是 Ni_3S_2、Fe_3O_4，或者 $NiFeO_4Cu_{1.96}S$、FeO，未发现贵金属的独立相，表明它们在 Ni-Cu-Fe 固溶体中呈现类质同相存在。

B　一氧化碳气体原料的制备及要求

实验使用的一氧化碳气体是利用电弧炉法制备的。二氧化碳通过灼热的木炭进行氧化还原反应（$CO_2 + C = 2CO$），经过水洗和碱洗后，获得高纯度的 CO，工艺流程如图 4-9 所示。

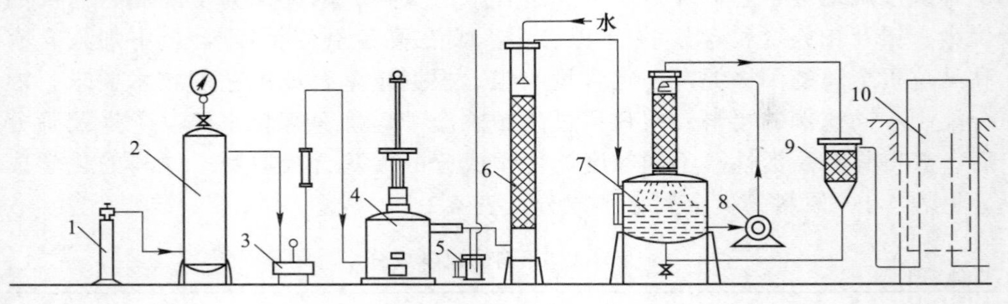

图 4-9　一氧化碳气体制备工艺流程

1—CO_2 气体；2—CO_2 气体储罐；3—水环泵；4—电弧炉；5—水封罐；6—水洗塔；7—碱洗塔；8—碱泵；9—气-液分离器；10—CO 湿式气罐

羰基合成所需的一氧化碳气体纯度较高，主要控制氧含量<1%，利用色谱分析化学成分（不包括水），见表4-3。

表4-3 一氧化碳气体化学成分

气体名称	化学成分/%					
	CO	H_2	O_2	N_2	CH_4	CO_2
含量	92.95	5.52	0.20	0.46	0.21	0.66

C 羰基合成设备及工艺流程[2,3,10]

羰基合成是在高压反应柱及10L反应釜中进行，主要工艺流程如图4-10所示。

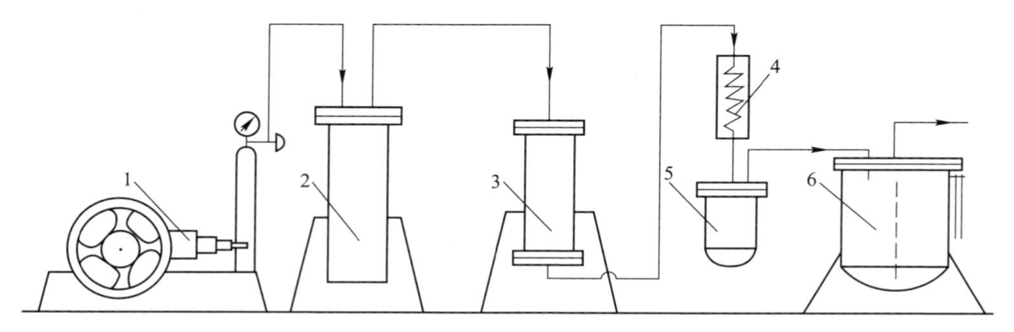

图4-10 羰基合成工艺流程

1—CO压缩机；2—高压储气罐；3—高压反应釜；4—冷凝器；5—高压分离器；6—羰基镍储罐

4.7.1.2 羰基合成条件[3,5,6]

羰基合成条件如下：

CO压力：6~7MPa，10~12MPa，15~16MPa；

温度：(160±10)℃；时间：10h，24h，48h。

将原料装入高压反应釜中，通入一定压力的一氧化碳气体并开始升温，当反应釜中的温度及压力达到实验要求时维持所要求的温度及压力。定期排放产物并收集羰基配合物。通过分析羰基合成后的残渣及热分解产物获得羰基合成数据。

4.7.1.3 羰基法精炼镍过程中贵金属的富集

A 不同原料中镍的羰基合成率及特点

羰基镍合成反应为减容反应［$Ni(s)+CO(g) \rightleftharpoons NiCO_4(g)$］，显然，一

氧化碳气体的压力越高，羰基合成反应速度越快。在 CO 压力高于 10MPa 时，合成反应时间为 48h，羰基合成的速度及合成率都很高。其中细颗粒合金原料羰基合成速度比粗颗粒原料快。图 4-11～图 4-13 所示为实验结果，图中 1、2、3、4 为表 4-1 中原料不同 P_{CO} 时的羰基合成数据。

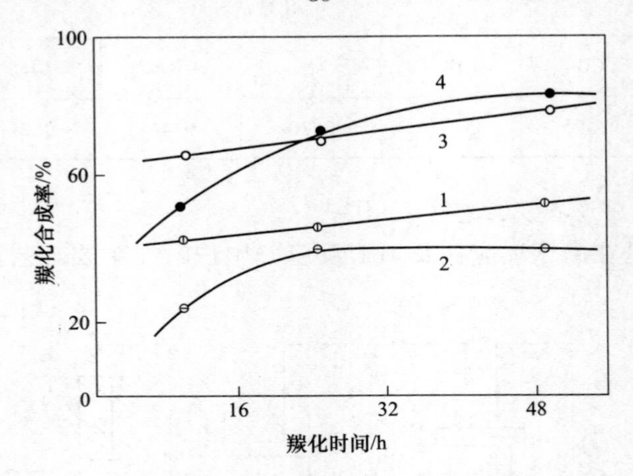

图 4-11 羰基合成压力 7MPa 下不同原料镍的合成率

（曲线 1、2、3、4 表示表 4-1 中的原料号）

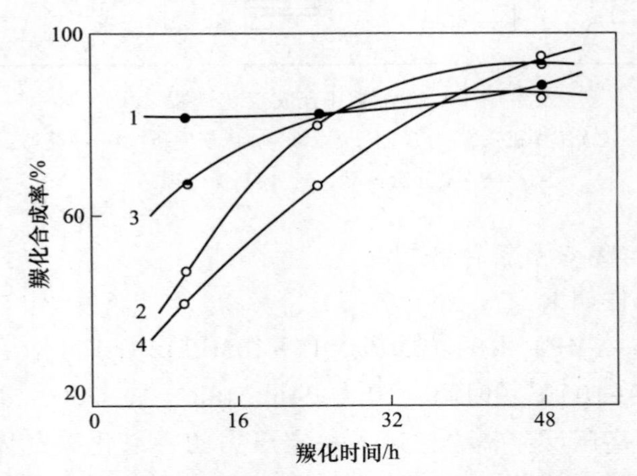

图 4-12 羰基合成压力 10MPa 下不同原料镍的合成率

（曲线 1、2、3、4 表示表 4-1 中的原料号）

B 不同原料镍铁羰基合成率及残渣的成分

合金原料在羰基合成过程中铁、钴、镍都能够合成为羰基物。五羰基铁（$Fe(CO)_5$）合成的温度及压力较高，合成速度慢；羰基钴（$Co_2(CO)_8$ 和 $Co_4(CO)_{12}$）为固体，可以从羰基物的混合液中分离出来。因此，羰基合成

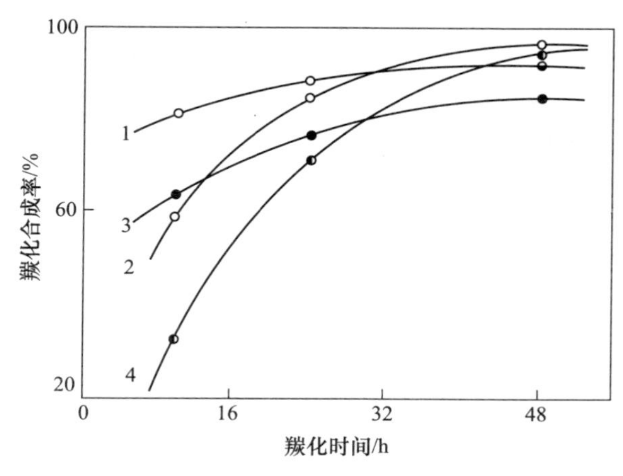

图 4-13 羰基合成压力 15MPa 下不同原料镍的合成率
（曲线 1、2、3、4 表示表 4-1 中的原料）

的残渣主要是铜，以及部分没有被羰基合成的镍、铁及贵金属。按照羰基合成条件：(160±10)℃，10MPa，48h 获得镍、铁羰基合成率及残渣成分，见表 4-4 和表 4-5。

表 4-4 镍、铁的羰基合成率（(160±10)℃，10MPa，48h）

序号	粒度/mm	残渣化学成分/%		羰基合成率/%		备注实验次数
		Ni	Fe	Ni	Fe	
1	<2.0	6.05	11.7	96.3	68.6	3
2	>2.0	3.06	6.19	98.3	85.8	3
3	<0.8	2.44	8.18	98.3	44.5	3
4	>2.0	1.99	7.5	98.6	50.6	3
5	<0.8	1.94	0.92	98.8	57.1	3

表 4-5 羰基合成残渣中富集贵金属含量（(160±10)℃，10MPa，48h）

序号	残渣化学成分/$g \cdot t^{-1}$							
	Pt	Pd	Rh	Ir	Os	Ru	Au	Ag
1	5176	2512	329	318	200	586	1110	3300
2	5136	2815	332	420	207	750	1250	4200
3	431	235	14.5	41.2	24.5	73.0	140	590
4	566	297	25.7	50.6	31.3	86.4	170	760
5	26.3	15.1	1.4	3.6	4.8	14.6	—	—

原料 1 号的羰基合成残渣的 X 荧光光谱分析结果表明贵金属富集在残渣中。贵金属在残渣中的平均品位数据见表 4-4。无论原料中的贵金属含量多高，羰基合成残渣中贵金属富集均达到 3～4 倍，见表 4-6，分析数据与计算数据相吻合。

表 4-6　原料和残渣的贵金属化学成分及富集倍数

序号	粒度/mm	分析物料	化学成分/g · t^{-1}						
			Au	Pt	Pd	Rh	Ir	Os	Ru
1	<2.0	原料	376	1220	693	108	136	78	230
1	<2.0	残渣	1110	5176	2512	329	318	200	586
富集倍数			2.95	4.24	3.62	3.0	2.3	2.5	2.5
2	>2.0	原料	391	1360	765	109	137	80	248
2	>2.0	残渣	1250	5136	2815	332	420	207	750
富集倍数			3.1	3.7	3.6	3.0	3.0	2.6	3.0
3	<0.8	原料	49	140	59	4.9	13.8	5.7	14.3
3	<0.8	残渣	140	431	235	14.5	41.2	24.5	73.0
富集倍数			2.8	3.0	4.0	3.0	3.0	4.3	5.1
4	0.8～2.0	原料	53	140	61	6.9	17.2	8.7	23.7
4	0.8～2.0	残渣	170	566	297	25.7	50.6	31.3	86.4
富集倍数			3.2	4.0	4.9	3.7	2.9	3.6	3.6
5	<0.8	原料	—	9.8	7.7	0.9	2.4	1.0	1.5
5	<0.8	残渣		26.3	15.1	1.4	3.6	4.8	14.6
富集倍数				2.7	2.0	1.5	1.5	4.8	9.7
平均富集倍数			3.0	3.5	3.6	2.8	2.5	3.6	4.0

4.7.1.4　羰基镍配合物合成过程中贵金属的行为[7～9]

A　在羰基镍合成条件下贵金属比较稳定

铂族金属与铁、钴、镍同属于元素周期表中第Ⅷ族过渡元素，具有类似的电子结构。除了钌和锇外，其他的铂族元素都能够利用各自的中间化合物（卤化物、氧化物）在还原性金属催化条件及一定的温度和压力下合成贵金属羰基配合物（P：2～20MPa；t：200～300℃）；但是，羰基合成速度非常缓慢。因此，在羰基镍、铁合成的条件下，铂族金属同时生成羰基配合物的可能性不大。

B 从获得的羰基镍铁配合物热分解产物中检测贵金属

将上述实验条件下获得的羰基配合物进行热分解，对于获得的羰基镍铁粉末进行化学分析，除了存在微量锇、铱、钌外，其他贵金属均在分析的灵敏度下限。分析数据见表4-7和表4-8。由以上数据可以看出，在一定的羰基合成条件下原料中贵金属几乎全部富集在残渣中。

表4-7 羰基镍铁粉末常规分析

序号	化学成分/%					
	Ni	Fe	Co	Cu	S	C
1	余	1.62	0.005	0.002	0.003	0.22
2	余	1.18	0.005	0.002	0.004	0.11

表4-8 羰基镍铁粉末贵金属分析

序号	化学成分/g·t^{-1}							
	Pt	Pd	Rh	Ir	Os	Ru	Au	Ag
1	<1.0	<2.0	<1.0	1.5	1.13	0.89	<1.0	<20
2	<1.0	<2.0	<1.0	1.5	0.82	0.94	<1.0	<20

4.7.1.5 结论

(1) 含有贵金属的Cu-Ni合金经过水雾化后，在CO压力为10MPa，温度为(160±10)℃时镍羰基的合成率>97%。

(2) 原料中的贵金属在上述条件下进行羰基合成，贵金属全部富集在残渣中，富集品位达到3~4倍。

4.7.2 实验二：羰基合成过程中不同品位原料中的贵金属行为[2,5,6,10]

本实验主要研究含贵金属一次资源中贱金属元素和贵金属在羰基合成反应过程中的行为。为了提高铂族贵金属的综合利用水平、强化富集提取工艺、提高回收率，利用卡尔多转炉氧气吹炼，再经水雾化获得活性铜-镍合金颗粒。在设计的羰基合成系列条件下进行羰基合成提取羰基镍、铁及钴配合物，同时获得铜、金、银及贵金属富集的残渣。

4.7.2.1 试验方法

A 试验装置

试验是在钢铁研究总院粉末冶金羰基合成实验室完成的，利用羰基合成高压柱及10L高压反应釜进行羰基合成试验。

B 含贵金属原料的配制

金川镍公司高硫磨浮一次合金的化学成分见表4-9，高品位贵金属阳极泥的化学成分见表4-10，高冰镍的化学成分见表4-11。

因为金川镍公司生产的高硫磨浮一次合金中铂、钯、铑、铱、锇、钌、金及银的含量较少，给元素分析含量的准确性带来困难，所以，需要特殊配制原料增加贵金属含量，以利于观察贵金属在羰基合成反应过程中的行为及走向。

表4-9 金川镍公司的高硫磨浮一次合金化学成分

元素	化学成分/%				贵金属化学成分/g·t^{-1}						
	Cu	Ni	Fe	S	Pd	Pt	Rh	Ir	Os	Ru	Au
含量	17.5	64.3	7.2	约1	150	51	约12	约12	12	19	38

注：以上数据由昆明贵金属研究分析。

表4-10 高品位贵金属阳极泥化学成分

元素	化学成分/%				贵金属化学成分/g·t^{-1}							
	Cu	Ni	Fe	S	Pd	Pt	Rh	Ir	Os	Ru	Au	Ag
含量	23.6	22.2	微	15	9460	4750	850	970	666	1930	2710	667

表4-11 高冰镍化学成分

元素	化学成分/%				
	Cu	Ni	Fe	S	Co
含量	25.41	45.89	3.45	16.30	1.10

C 水雾化制备活性原料

将以上4种原材料按照羰基合成要求的比例配料，然后利用高频感应炉进行重熔，待熔池温度达到1650℃时液体金属以一定流速进行水雾化，经过脱水、干燥、筛分后，获得具有一定粒度及化学成分的原料。各种羰基化合成原料的物理及化学性能见表4-12。

表4-12 羰基化合成原料的物理及化学性能

原料编号	粒度/mm	化学成分/%					
		Cu	Ni	Fe	Co	S	Ag
8205-1	>2.0	20.55	56.92	13.34	1.10	4.3	0.15
8205-1	<2.0	19.50	56.64	13.21	1.39	5.81	0.11
8205-2	>2.0	21.82	57.14	5.76	1.02	4.5	0.02
8205-2	0.8~2.0	21.82	57.14	5.76	1.02	4.5	0.024
8205-2	<0.8	21.03	56.68	6.12	1.70	6.17	0.014
8205-3	0.8~2.0	31.91	62.03	0.84	0.47	4.85	—
8205-3	<0.8	31.91	62.03	0.84	0.47	4.85	—

原料编号	粒度/mm	贵金属化学成分/$g \cdot t^{-1}$						
		Pd	Pt	Rh	Ir	Os	Ru	Au
8205-1	>2.0	1360	785	109	137	80.3	247.5	391.2
8205-1	<2.0	1220	693	108	136	77.7	230.1	375.9
8205-2	>2.0	137	62.9	6.3	14.7	9.1	24.8	45.7
8205-2	0.8~2.0	139.5	60.7	6.9	17.2	8.7	23.7	53
8205-2	<0.8	139.9	59.1	4.9	13.8	5.7	14.3	49
8205-3	0.8~2.0	—	—	1.3	<2.0	1.2	2.8	—
8205-3	<0.8	9.8	7.7	0.9	2.4	1.0	1.5	—

注：1. 8205-1和8205-2中镍、铁、钴、铜、硫为钢铁研究总院分析结果；
2. 8205-3中镍、铁、钴、铜、硫为金川镍公司分析结果；
3. 贵金属钯Pd、铂Pt、铑Rh、铱Ir、锇Os、钌Ru、金Au、银Ag为昆明贵金属研究所分析结果。

另外，利用金川镍业公司提供的含有贵金属元素的铜镍合金，经卡尔多转炉吹炼，再通过水雾化后成为原料，观察金属化冰铜镍中低品位贵金属元素在羰基合成过程中贵金属的行为及在残渣中富集的情况。

D 一氧化碳气体的制备及要求

一氧化碳气体由电弧炉法发生，一氧化碳气体中要求严格控制氧含量<1%，一氧化碳气体的成分见表4-13。

表4-13 一氧化碳气体化学成分

名称	化学成分/%					
	CO	H_2	O_2	N_2	CH_4	CO_2
含量	92.95	5.52	0.20	0.46	0.21	0.66

4.7.2.2 原料的物相分析及贵金属的存在状态

A 物相分析

采用X衍射对原料8205-2（粒度0.8~2.0mm）进行物相分析，结果如图4-14所示。

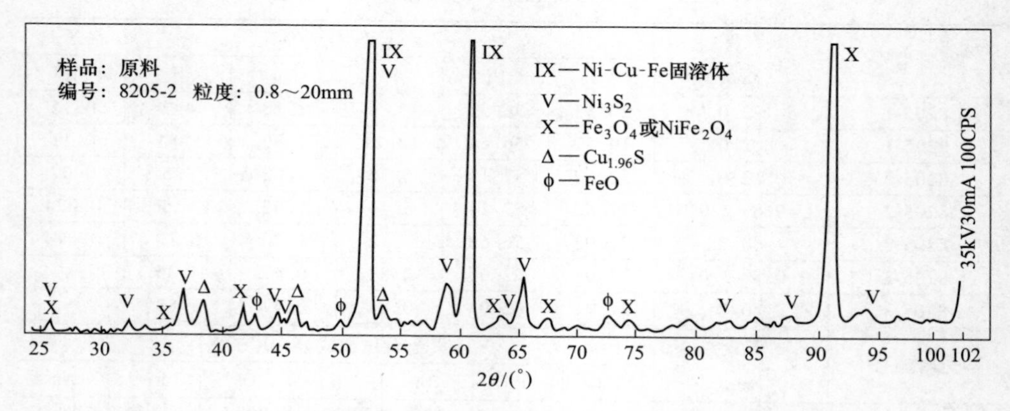

图 4-14　X 衍射法对原料 8205-2、粒度 0.8～2.0mm 的物相分析结果

主要物相：Ni-Cu-Fe 固溶体；次要相：Ni_3S_2、Fe_3O_4 或者 $NiFe_2O_4$、$Cu_{1.96}S$、FeO。

B　贵金属的状态及分布

在镍-铜-铁的固溶体及其硫化物共存的溶体中，由于贵金属与贱金属具有相同的晶格结构和相似的原子半径，所以，贵金属非常容易被镍-铜-铁的固溶体及其硫化物共存的溶体中所捕集；同时，该试验原料中的贵金属品位仅仅为 0.03%～0.3%，贵金属含量与贱金属的组分含量相比，属于微量组分，在水淬急冷时，贵金属元素不可能偏析或者聚集形成铂族金属的矿物相，因此，原料中的贵金属主要作为合金元素均匀地分布在镍-铜-铁的固溶体中。

为了提高原料的活性，需要在原料中加入一定量的硫，形成 Ni_3S_2、Cu_2S等硫化物。这些硫化物中含有的贵金属微少，这些少量的贵金属元素中，除了某些元素（如钯、铑）可能仅在部分呈现类质同象才会进入硫化物晶格外，其主要是由于含有贵金属的金属固溶体被硫化物包裹或者是连生形成的。因此，在各种粒度范围内的试验原料中，以金属相为主的贵金属含量较高；含有硫化物多的，则贵金属含量低。

4.7.2.3　含有贵金属原料的羰基合成

利用羰基法精炼镍时，要求合金中铁含量低于 2%，否则会降低镍的羰基合成率[6]。

由于一次合金中铁含量超过 2%，为此，首先利用高压柱探索获得较高羰基合成率的羰基合成条件；然后，再在 10L 感应加热釜中做扩大试验。

A 利用高压柱装置进行羰基合成

合成反应温度：(160±10)℃；CO 压力：6.5~7.0MPa，10.5~11.0MPa，14.5~15.0MPa；合成反应时间：10h，24h，48h。

通过利用高压柱装置进行羰基合成，其中原料 205-1、8205-2、8205-3 合成率较高。

B 利用 10L 高压釜扩大试验

a 扩大试验条件的选择

将铂、钯、铑、铱、锇、钌、金及银等贵金属制成羰基配合物时，多数采用它们的卤化物、氧化物及其他盐类[8,9]。在高压反应釜中加入一定量的还原剂，即使钌、铑处在非常活泼的情况下，也需要 CO 压力>20~25MPa，温度>180~250℃才能够形成羰基配合物。在只能够羰基镍配合物合成的温度及压力下，元素铱、锇、金及银等金属原子处于非激发状态，不能够与 CO 分子结合，不能够形成羰基配合物；而镍和铁容易与 CO 生成羰基配合物，这是由于羰基钴形成的温度及压力比较高。在本试验条件下，只能够有利于形成羰基镍，而部分铁被羰基化，至于钴只能够微羰基化；对于贵金属尚不具备形成羰基配合物的条件，所以不可能形成羰基配合物，只能够存在于渣中。

b 扩大试验条件

羰基合成 CO 压力：10~11MPa，14~15MPa；

羰基合成温度：(160±10)℃；

羰基合成时间：48h。

c 扩大试验结果

从表 4-14 中可以看出，羰基合成压力为 10MPa 时羰基镍合成率 97%，羰基铁合成率波动较大。通过试验证明：8205-1 和 8205-2 两种原料获得了较高的合成率，对于富集贵金属是非常有利的。

各种原料的羰基合成试验结果见表 4-14。

表 4-14 各种原料的镍、铁羰基合成试验结果

试验编号	原料编号	粒度范围/mm	羰基合成条件			残渣镍含量/%	残渣铁含量/%	镍合成率/%	铁合成率/%
			CO 压力/MPa	时间/h	温度/℃				
K1	8205-1	>2.0	14.7	48	160±10	2.50	7.39	98.6	82.6
K21	8205-1	>2.0	10.7	48	160±10	1.05	6.79	99.4	84.6

续表 4-14

试验编号	原料编号	粒度范围 /mm	羰基合成条件			残渣镍含量 /%	残渣铁含量 /%	镍合成率 /%	铁合成率 /%
			CO 压力 /MPa	时间 /h	温度 /℃				
K41	8205-1	>2.0	10.7	48	160±10	2.79	7.06	98.4	83.7
K51	8205-1	>2.0	10.7	48	160±10	5.34	4.73	97.1	89.1
K4	8205-1	<2.0	14.7	48	160±10	4.02	7.54	97.5	79.1
K22	8205-1	<2.0	10.7	48	160±10	6.77	13.88	95.9	63.1
K42	8205-1	<2.0	10.7	48	160±10	3.41	11.84	97.9	68.5
K52	8205-1	<2.0	10.7	48	160±10	7.96	9.38	95.0	74.3
K6	8205-2	>2.0	14.7	48	160±10	2.26	9.38	98.4	36.5
K23	8205-2	>2.0	10.7	48	160±10	1.49	8.05	99.0	45.3
K43	8205-2	>2.0	10.7	48	160±10	1.85	8.71	98.8	42.8
K53	8205-2	>2.0	10.7	48	160±10	2.53	5.74	98.2	63.8
K7	8205-2	0.8~2.0	14.7	48	160±10	2.55	8.80	98.2	41.1
K24	8205-2	0.8~2.0	10.7	48	160±10	2.03	9.62	98.6	34.3
K44	8205-2	0.8~2.0	10.7	48	160±10	2.30	7.59	98.4	48.7
K54	8205-2	0.8~2.0	10.7	48	160±10	3.00	7.35	97.9	50.7
K8	8205-2	<0.8	14.7	48	160±10	4.89	15.85	96.1	
K25	8205-2	<0.8	10.7	48	160±10	5.17	16.13	95.9	
K43	8205-2	<0.8	10.7	48	160±10	8.62	12.54	92.9	4.6
K55	8205-2	<0.8	10.7	48	160±10	6.12	12.42	95.1	8.8
K27	8205-3	0.8~2.0	10.7	48	160±10	1.58	0.37	99.0	59.7
K28	8205-3	0.8~2.0	10.7	48	160±10	1.94	0.92	98.8	57.1

水淬金属化冰镍 8205-3 中镍的羰基合成率最高，达到 99%。

另外，一氧化碳气体的压力为 15MPa 与 10MPa 时镍的羰基合成率基本相同。所以，采用中压羰基合成是可行的。

羰基合成残渣中铂、钯、铑、铱、锇、钌、金及银等含量见表 4-15。表 4-15中残渣里铂、钯、铑、铱、锇、钌、金及银的含量与表 4-16 原料中铂、钯、铑、铱、锇、钌、金及银含量之比为贵金属富集的倍数，见表 4-17。

各种原料经过羰基合成提取镍、铁后，计算贵金属总的富集倍数，见表4-17。

比较表4-17与表4-15的试验结果可以看出，羰基合成残渣中铂、钯、铑、铱、锇、钌、金及银的各自富集倍数，与原料经过羰基化提取镍、铁后，通过计算的贵金属总的富集倍数基本相同。此结果更进一步证明原料中贵金属在羰基合成过程中没有被羰基化，而是几乎全部富集在残渣中。

表4-15 羰基合成残渣中铂、钯、铑、铱、锇、钌、金、银等含量

试验编号	原料编号	化学成分/g·t^{-1}							
		Pt	Pd	Rh	Ir	Os	Ru	Au	Ag
K1	8205-1	4600	2500	334	383	239.9	983.7	1211	0.44
K21	8205-1	4145	2274	279	422	252.8	837	1380	0.39
K41	8205-1	5136	2815	332	420	207.5	750.3	1250	0.42
K4	8205-1	3900	2100	292	313	217.6	775.5	1154	0.35
K22	8205-1	3880	2029	260.9	326	217.2	683.0	1160	0.34
K42	8205-1	5176	2512	329	318	200.0	586.3	1110	0.33
K6	8205-2	390	180	21.8	45.5	23.5	58.6	134	0.06
K23	8205-2	390	128	26.4	40.7	28	90.1	117	0.055
K43	8205-2	566	297	25.7	50.6	31.3	86.4	170	0.076
K7	8205-2	350	180	21.1	44.2	28.3	76.5	116	0.036
K24	8205-2	353	155	21.1	40.4	26.7	78.5	143	0.058
K44	8205-2	431	235	14.5	41.4	24.5	73.0	140	0.059
K8	8205-2	260	150	18.6	35.6	20.7	40.5	92	0.035
K25	8205-2	294	127	22.1	35.7	21.1	71.7	99	0.044
K55	8205-2	292	185	16.4	30.6	19.5	36.7	110	0.044
K27	8205-3	239	15.5	2.2	4.0	5.0	15.4		
K28	8205-3	263	15.1	1.4	3.6	4.8	14.6		

表4-16 残渣中贵金属富集的倍数

试验编号	富集倍数							
	Pt	Pd	Rh	Ir	Os	Ru	Au	Ag
K1	3.4	3.3	3.1	2.8	3.0	3.6	3.1	2.9
K21	3.0	3.0	2.6	3.1	3.1	3.5	3.5	2.6

续表 4-16

试验编号	富集倍数							
	Pt	Pd	Rh	Ir	Os	Ru	Au	Ag
K41	3.8	3.7	3.0	3.1	2.6	3.0	3.2	2.8
K4	3.2	3.0	2.7	2.3	2.8	3.4	3.1	3.2
K22	3.2	2.9	2.4	2.4	2.8	3.0	3.1	3.1
K42	4.2	3.6	3.0	2.3	2.6	2.5	3.0	3.0
K6	2.8	2.9	3.5	3.1	2.6	2.4	2.9	3.0
K23	2.8	2.0	4.2	2.8	3.1	3.6	2.6	2.6
K43	4.1	4.7	4.1	3.4	3.4	3.5	3.7	3.8
K7	2.5	3.0	3.1	2.6	3.3	3.2	2.2	1.5
K24	2.5	2.5	3.1	2.3	3.1	3.3	2.7	2.4
K44	3.1	3.9	2.1	2.4	2.8	3.1	2.6	2.5
K8	1.9	2.5	3.8	2.6	3.6	2.8	1.9	2.5
K25	2.1	2.1	4.5	2.6	3.7	5.0	2.0	3.1
K55	2.1	3.1	3.3	2.2	3.4	4.0	2.2	3.1
K27			1.7	2.0	4.1	5.5		
K28	2.7	2.0	1.5	1.5	4.8			

表 4-17 原料羰基合成后计算出贵金属富集倍数

试验编号	倍数	试验编号	倍数	试验编号	倍数	试验编号	倍数
K1	3.1	K42	2.8	K24	2.4	K27	2.6
K21	3.1	K6	2.4	K44	2.4	K28	2.6
K41	3.1	K23	2.5	K8	2.2		
K4	2.9	K43	2.4	K25	2.2		
K22	2.7	K7	2.4	K55	2.2		

对比图 4-15 中 K42 及图 4-16 中 K45 原料的 X 光荧光光谱分析结果与图 4-6羰基合成残渣的 X 光荧光光谱分析结果可以看出，原料中镍羰基合成率达到 95%~99%；铁的羰基合成率 50%~80%；铱、铂、金、钯、铑、钌等贵金属富集在残渣中；钴、铜、砷、硒等在残渣中也有明显的富集。

对比图 4-17 中 K45 原料的 X 光荧光光谱分析结果与图 4-18 中 K45 残渣

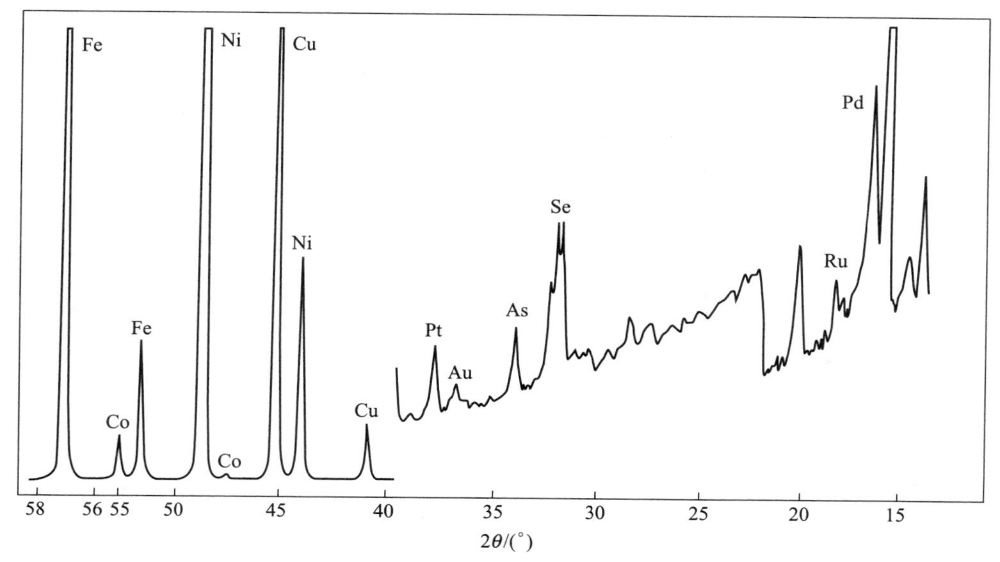

图 4-15 试验编号 K42 原料的 X 光荧光光谱分析结果
（Fe、Ni、Co、Cu、Ir、Pt、As、Se、Ru、Pd 等元素）

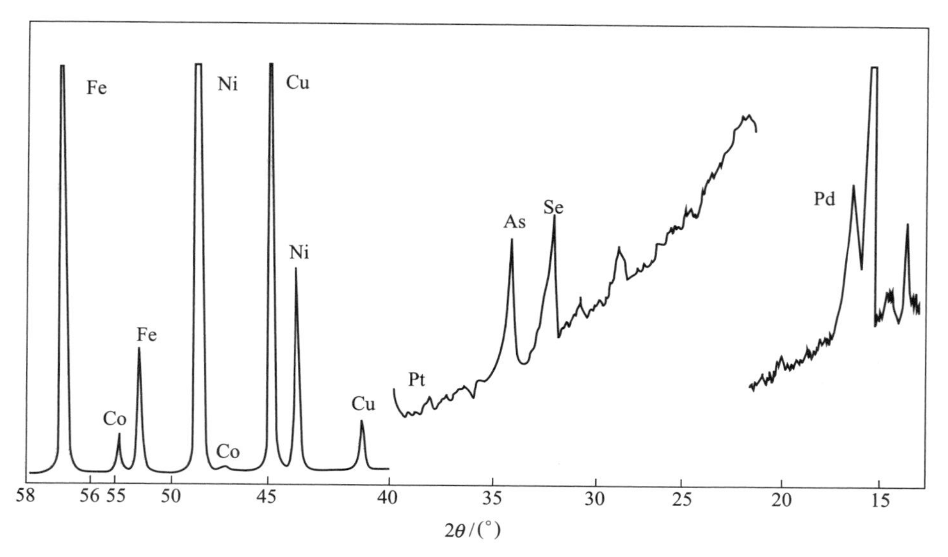

图 4-16 试验编号 K45 原料的 X 光荧光光谱分析结果
（Fe、Ni、Co、Cu、Pt、As、Se、Pd 等元素）

X 光荧光光谱分析结果可以看出，原料中镍几乎被全部提取出来，铂、金、钯、钌富集在残渣中；铁、钴、铜、砷、硒等在残渣中也有明显的富集。

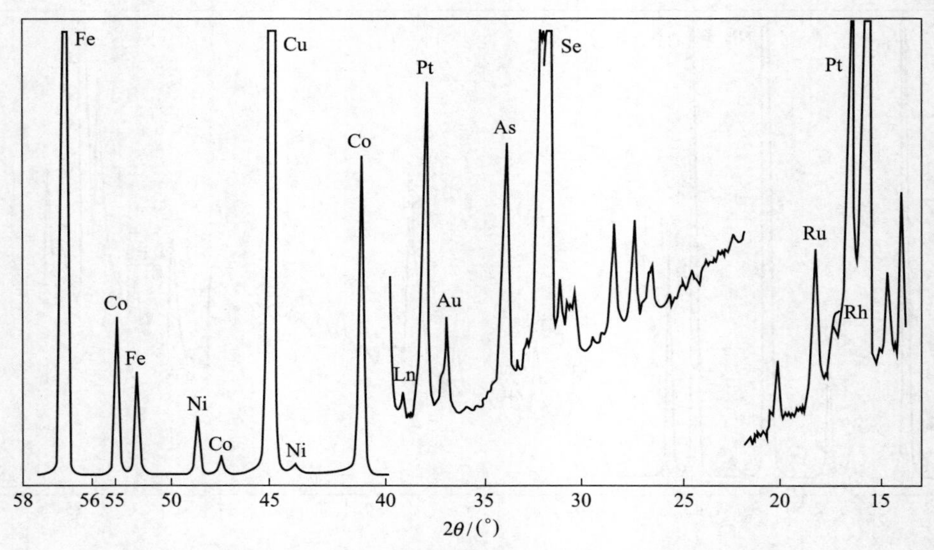

图 4-17　试验编号 K42 羰基合成残渣的 X 光荧光光谱分析结果
（Fe、Ni、Co、Cu、Ir、Pt、Au、As、Se、Ru、Rh、Pd 等元素）

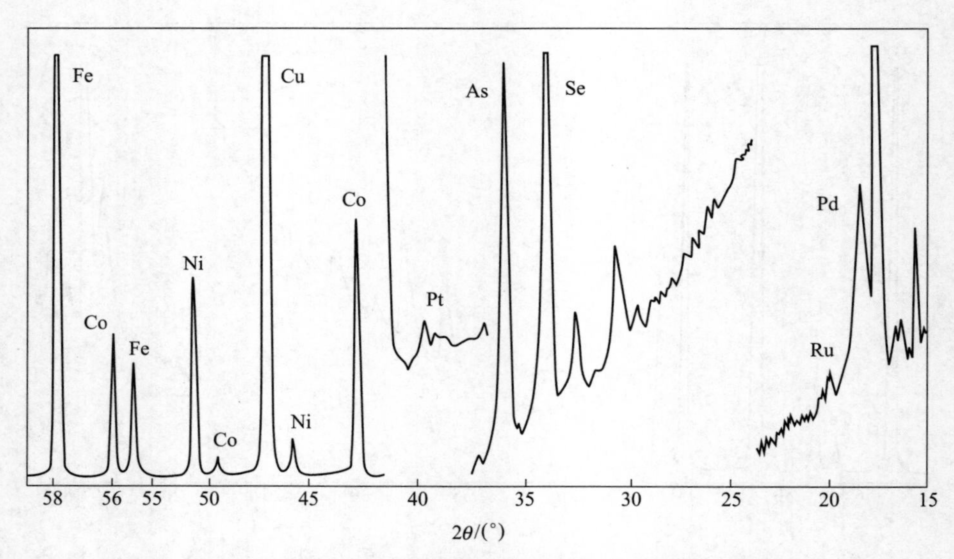

图 4-18　试验编号 K45 羰基合成残渣的 X 光荧光光谱分析结果
（Fe、Ni、Co、Cu、Pt、Au、As、Se、Ru、Pd 等元素）

d　热分解粉末产物的分析结果

对利用羰基合成富集贵金属试验中获得的羰基镍配合物进行热分解，获得羰基镍金属粉末，粉末的化学成分见表 4-18 和表 4-19。粉末中的金及铂族元素含量均在所采用分析方法的灵敏度下限。

表 4-18　羰基镍粉末常规分析

序号	化学成分/%					
	Ni	Fe	Co	Cu	S	C
F1	余	1.62	0.005	0.002	0.003	0.22
F3	余	1.18	0.005	0.002	0.004	0.11

表 4-19　羰基镍粉末含贵金属分析

序号	化学成分/g·t⁻¹							
	Pt	Pd	Rh	Ir	Os	Ru	Au	Ag
F1	<1.0	<2.0	<1.0	1.5	1.13	0.89	<1.0	<20
F2	<1.0	<2.0	<1.0	0.87	1.09	1.71	<1.0	<20
F3	<1.0	<2.0	<1.0	1.5	0.82	0.94	<1.0	<20

另外，对于编号为 F3 的羰基配合物热分解产物进行 X 光荧光光谱分析，结果如图 4-19 所示，可以看出产物主要由镍和铁组成，不含有铂、钯、铑、铱、锇、钌、金、银、钴等。

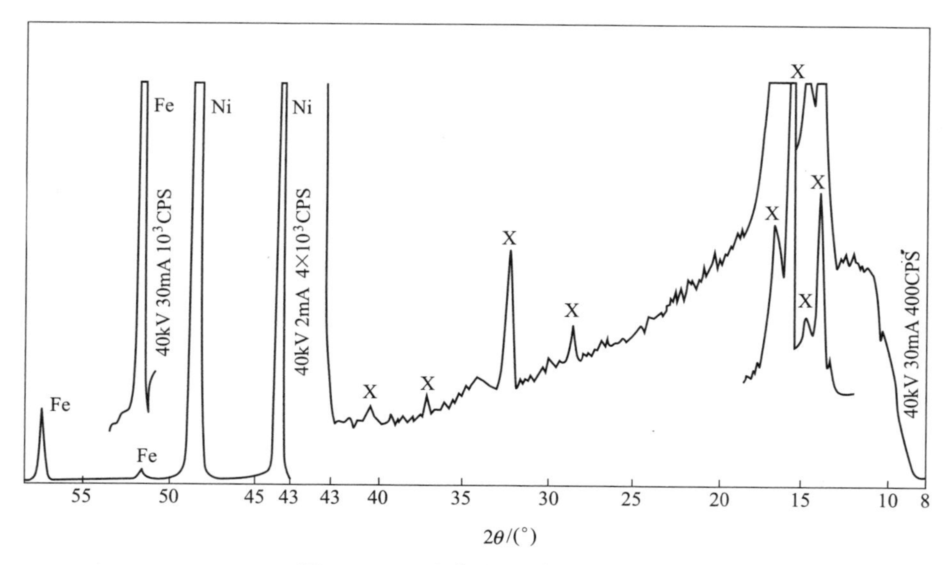

图 4-19　X 光荧光光谱分析结果

4.7.2.4　结论

（1）由一次合金、高品位贵金属阳极泥和高冰镍配制的原料，经过水雾化获得高活性的羰基化原料，在 CO 压力 10MPa、温度（160±10）℃、48h 羰基合成后，镍的合成率达到 95%~99%。

（2）在中压及高压羰基合成中，原料中的贵金属没有流失，均富集在残渣中。

（3）钴、铜、砷、硒等元素在残渣中也有不同程度的富集。

4.7.3　羰基法精炼镍富集贵金属的综合解析

由钢铁研究院羰基冶金实验室、金川集团公司和昆明贵金属研究所联合攻关获得的羰基法富集贵金属的试验数据结果为羰基法富集贵金属大规模工业化生产提供了科学的设计依据，研究的原料水雾化活性、原料的硫含量、原料的颗粒大小等因素对于羰基镍合成率及贵金属富集的影响，羰基镍合成温度、一氧化碳气体压力及合成时间对于羰基镍合成率及贵金属富集的影响，合理的设计羰基合成条件，尽量提高羰基镍合成率及贵金属的富集倍数对于实际生产有指导意义。

金川集团公司的硫化镍矿不但含有镍、铜、钴，同时还伴生贵金属。本实验结果对于我国含有贵金属镍资源的综合利用有实际应用意义。

利用羰基法精炼镍工艺富集贵金属的研究，从原料的制取到一系列合成参数的实验获得的每一个数据都是非常重要的，忽略任何一个实验数据都会影响贵金属的富集。具体的工艺要求如下。

4.7.3.1　活性原料的制取

（1）原料中硫含量的控制。含有贵金属的铜-镍合金原料中，铜与硫比例控制大约为 Cu：S=4：1。

（2）经过水雾化获得高活性的羰基化原料。含有贵金属的 Cu-Ni 合金经过熔融，再经水雾化迅速冷凝制成颗粒。当合金中硫化物均匀分布在颗粒中，此时获得的颗粒原料才具有羰基合成活性。

（3）原料颗粒大小的控制：原料颗粒应控制在 1~1.5mm。

（4）硫化物在颗粒中均匀地网状分布。原料中硫含量及水雾化骤冷制成的颗粒是获得羰基合成活性的关键。硫化物在颗粒中均匀网状分布是加速合成的必要且充分条件。因为一氧化碳气体向颗粒内部的渗透速度及羰基配合物从颗粒内部向颗粒外扩散的速度完全依靠硫化物的网状通道。合成釜内部处于动态是打破羰基合成平衡的有效方法。几种有利因素的综合作用就会加速羰基合成反应速度，提高羰基镍及羰基铁配合物的合成率，从而提高贵金属的富集。

4.7.3.2　羰基合成工艺条件选择

（1）精炼镍条件下贵金属不可能形成羰基配合物。将贵金属制成羰基配合物，要在高压反应釜中加入一定量的还原剂，将贵金属各类化合物还原成金属状态，这是羰基法精炼镍工艺不具备的。即使将某些贵金属还原成金属状态，如钌、铑处在非常活泼的情况下，也需要 CO 压力>19~25MPa，温度>180℃才能够形成羰基配合物。在一定的温度及压力下获得的元素铱、锇、金及银等金属原子处于非激发状态，不能够与 CO 分子结合，不能够形成羰基配合物。

（2）羰基合成条件设计。对于本实验原料，羰基合成富集贵金属的最佳合成条件：CO 压力为 10~12MPa，温度为（160±10）℃，时间为 48h。

（3）动态合成方式。在羰基合成过程中，应控制合成釜内羰基镍及羰基铁配合物产物不断随着一氧化碳气体排出；同时不断往合成釜内补充一氧化碳气体，使得合成釜内维持设定的压力，合成釜内部的动态作用会加速羰基合成速度。

4.7.3.3　原料中镍与铁的羰基合成率及贵金属富集

（1）原料中镍与铁的羰基合成率。在 CO 压力 10~12MPa、温度（160±10）℃、48h 羰基合成条件下，镍的合成率可达到 95%~99%，铁的合成率可达到 68%~85%。

（2）原料中贵金属的富集。在中压及高压羰基合成中原料中的贵金属没有流失，均富集在残渣中，富集品位达到 3~4 倍，同时钴、铜、砷、硒等元素在残渣中也有不同程度的富集。

参 考 文 献

[1] 吴晓峰．贵金属提取冶金技术现状及发展趋势［J］．贵金属，2007，28（4）：63~68.

[2] 国外有色冶金工厂编写组．国外有色冶金工厂-镍与钴［M］．北京．冶金工业出版社，1975：115.

[3] 滕荣厚，等．诸因素对铜-镍合金羰基化的影响［J］．钢铁研究总院学报，1983，3（1）：38.

[4] Boadford C W. Platinum Met Rev，1972，16：2.

[5] Бёлозерский Н А，Карбонилй Металлов. Москва：Научно. тёхничесоеиздательства，1958：27，254~311.

[6] Сыркин В. Р，КарбонилиМеталлов. Москва：Металлургия издательства，1978：107.

[7] 谭庆麟，等．铂族金属［M］．北京：冶金工业出版社，1978：17.

[8] 郑永明．美国冶金工业概况——有色金属 [M]．北京：冶金工业出版社，1978，17.
[9] Liu Shijie, et al. Precious Metals [C] // Proceeding of 20th IPMIC, USA, 1996: 451.
[10] 刘思林，陈趣山，滕荣厚，等．镍羰化过程中贵金属富集的研究 [J]．有色金属，1998 (3).

5 羰基法精炼贵金属

5.1 羰基法精炼贵金属可行性

5.1.1 羰基法精炼贵金属必须具备的条件

羰基法精炼贵金属必须具备如下的7个条件，缺一个条件都不可能。

5.1.1.1 含有丰富贵金属的矿物

含有贵金属的硫化镍矿，金川硫化镍矿中含贵金属是最适合的。

5.1.1.2 利用羰基法能够富集贵金属

含有贵金属的矿物中的贱金属（铁、钴、镍等），利用羰基法提取后，贵金属可以彻底被分离、不流失、富集在渣中。这个工艺流程及控制参数是非常成熟的。国内外精炼工艺成熟，都在应用。参阅第4章。

5.1.1.3 可以形成贵金属羰基配合物

被分离富集的贵金属，可以在一定的条件下（特殊功能合成釜、温度、压力等）合成贵金属羰基配合物、卤化贵金属羰基配合物及氢化贵金属羰基配合物，参阅第3章。

5.1.1.4 贵金属羰基配合物分离

利用贵金属羰基配合物属性（精馏、升华、汽化及可溶性），将从贵金属羰基配合物的混合物中分离，获得单一纯净的贵金属羰基配合物，参阅第2章。

5.1.1.5 贵金属羰基配合物可以热分解

利用热分解器（壁式加热、气体预热），在不同气氛中（惰性气体、真空、固体表面及液体等）、一定温度下，热分解贵金属羰基配合物，获得贵金属粉末和表面。

5.1.1.6 热分解后获得贵金属

在设定的条件下，贵金属羰基配合物热分解析出的贵金属，具有高的稳定性。

5.1.1.7　可以收集贵金属

热分解后获得贵金属可以收集，方便储存。

5.1.2　贵金属的存在形式有利于贵金属形成羰基配合物[1,2]

目前已发现200余种铂族元素矿物，其中铂族金属包括铂（Pt）、钯（Pd）、锇（Os）、铱（Ir）、钌（Ru）、铑（Rh）6种金属。贵金属存在主要形式如下。

5.1.2.1　自然贵金属

铂族元素原子的电离势高、不易失去电子和具有化学上的惰性，使其贵金属容易形成自然金属。这是铂族元素一种特有的存在形式（自然铂、自然钯、自然铑、自然锇等）。

从已经获得的贵金属羰基配合物，如：羰基钯配合物、羰基铑配合物及羰基锇配合物，以及在热分解羰基镍配合物制取的羰基镍粉末中均检测出锇、铱、钌、铑等贵金属。充分证明在高压合成釜中，在一定的温度、压力下，利用一氧化碳气体与自然贵金属直接进行合成反应，可形成贵金属羰基配合物。

5.1.2.2　金属互化物

铂族元素与第Ⅰ副族Ag、Au和第4周期的Fe、Co、Ni、Cu均属次外层电子充填类型。铂族元素之间和铂族元素与Fe、Co、Ni、Ag、Au等元素之间，均能形成具有金属键的金属互化物，此类型的矿物占铂族元素矿物的较大部分（如：钯铂矿、锇铱矿、钌锇铱矿以及铂族金属与铁、镍、铜、金、银、铅、锡等以金属键结合的金属互化物）。

贵金属与铁、钴、镍等以金属键结合的金属互化物，不会影响贵金属形成羰基配合物。从羰基法富集贵金属的实验中，形成的羰基铁配合物、羰基镍配合物、羰基钴配合物被分离，贵金属被富集在渣中。

5.1.2.3　硫化物

铂族元素虽然电离势较高，但毕竟能失去电子形成阳离子。铂族元素常以高价离子的形成与S、As、Sb、Bi等构成具有离子键的化合物。由于铂族元素在地壳中呈强的亲硫性，故能形成种类繁多的铂族元素的硫、砷及硫砷化物，此类化合物约占铂族元素矿物的2/3，是铂族元素最重要的矿物类型。

5.1.3　羰基法精炼贵金属工艺流程适用范围[3]

羰基法精炼贵金属工艺流程，适合含贵金属硫化镍矿的一次资源。因为贵金属含量很低，所以适用于大规模羰基法精炼厂，如：加拿大国际镍公司铜崖精炼厂年产镍5.6万吨、新克里多尼亚精炼厂年产镍5万吨、科里达奇精炼厂年产镍2.8万吨、俄罗斯北方镍公司和中国金川集团公司羰化冶金厂年产镍万吨以上。

5.2 羰基法精炼贵金属可行性工艺流程设计依据[3~6]

20世纪70年代初，钢铁研究院羰基冶金实验室利用羰基法富集贵金属的研究课题已经完成金川集团公司含贵金属原料，并通过了冶金工业部科技司验收。按原来科研计划，应该继续实验研究羰基法精炼贵金属。实验室课题组已经进行调研及工艺论证，制定出羰基法精炼贵金属实验方案。

5.2.1 羰基法富集贵金属的工艺成熟

在本书第4章贵金属富集篇中已经列出实验结果。已经证明在硫化镍矿物中所含有的贵金属（锇、铱、钌、钯等），利用羰基法能够容易地富集在渣中，为羰基法合成贵金属羰基配合物及热分解提供极其有利条件。

利用羰基法富集贵金属的工艺流程及工艺参数控制已经非常成熟，国内外大型精炼厂都在采用，如：加拿大国际镍公司铜崖精炼厂、俄罗斯北方镍公司诺列斯克精炼厂及新克里多尼亚精炼厂。

5.2.2 贵金属羰基配合物的属性适合羰基法精炼要求

经过富集的贵金属可形成各种贵金属羰基配合物，如：贵金属羰基配合物、卤化贵金属羰基配合物（氯化、溴化、碘化贵金属羰基配合物）及氢化贵金属羰基配合物。了解贵金属羰基配合物的属性（升华、融化、蒸发等特性）是设计精炼贵金属的充分且必要条件。下面专门强调列出常用的贵金属配合物的属性，这些贵金属配合物自己所具有的属性是设计工艺流程及确定工艺参数的科学依据。

5.2.2.1 羰基金配合物属性

羰基金配合物种类及属性见表5-1。

表5-1 氯化羰基金配合物的种类及属性

属性	羰基金配合物种类	
	羰基金配合物	氯化羰基金配合物
分子式	$Au_2(CO)_6$	$Au(CO)Cl$

续表 5-1

属性	羰基金配合物种类	
	羰基金配合物	氯化羰基金配合物
状态	预测羰基金形式	无色晶体
升华温度/℃		
融化温度/℃		
分解温度/℃		223

5.2.2.2　羰基钌配合物属性

羰基钌配合物的种类及属性分别见表 5-2 和表 5-3。

表 5-2　羰基钌配合物种类及属性

属性	羰基钌配合物种类	
	五羰基钌配合物	九羰基钌配合物
分子式	$Ru(CO)_5$	$Ru_2(CO)_9$
状态	晶体无色	从橙红色到绿黄色二向色性
升华温度/℃		
融化温度/℃	-20	
分解温度/℃	-10~220	150

表 5-3　卤化羰基钌配合物种类及属性

属性	卤化羰基钌配合物种类		
	二氯化二羰基钌配合物	二溴化二羰基钌配合物	溴化羰基钌配合物
分子式	$Ru(CO)_2Cl_2$	$Ru(CO)_2Br_2$	RuCOBr
状态	柠檬黄	淡柠檬黄	无色晶体组成
升华温度/℃			
融化温度/℃			
分解温度/℃	210	350~400	200

5.2.2.3 羰基铑配合物属性

羰基铑配合物种类及属性分别见表5-4和表5-5。

表5-4 羰基铑配合物种类及属性

属性	羰基铑配合物种类		
	四羰基铑配合物	三羰基铑配合物	十一羰基铑配合物
分子式	$[Rh(CO)_4]_2$	$[Rh(CO)_3]_x$	$Rh_4(CO)_{11}$
状态	橙黄色矛状晶体	红色晶体	黑色晶体
升华温度/℃	常温		
融化温度/℃	76		
分解温度/℃		150	220

表5-5 卤化羰基铑配合物种类及属性

属性	卤化羰基铑配合物种类			
	氢化羰基铑配合物	氯化二羰基铑配合物	溴化二羰基铑配合物	碘化二羰基铑配合物
分子式	$HRh(CO)_4$	$[Rh(CO)_2Cl]_2$	$Rh(CO)_2Br$	$Rh(CO)_2I$
状态	红黄色晶体	红色晶体		黄橙色晶体
升华温度/℃		100	140	110~120
融化温度/℃	-10	123~125.5	118	114
分解温度/℃				

5.2.2.4 四羰基钯配合物属性

羰基钯配合物种类及属性见表5-6。

表5-6 羰基钯配合物种类及属性

属 性	羰基钯配合物种类	
	四羰基钯	二氯化羰基钯
分子式	$Pd(CO)_4$	$PdCOCl_2$
状态	晶体	柠檬黄晶体
分解温度/℃	>250	60

5.2.2.5　羰基锇配合物属性

羰基锇配合物的种类和属性分别见表 5-7 和表 5-8。

表 5-7　羰基锇配合物种类和属性

属　性	羰基锇配合物种类	
	五羰基锇配合物	九羰基二锇配合物
分子式	$Os(CO)_5$	$Os_2(CO)_9$
状　态	晶体是无色	黄褐色六方晶体
升华温度/℃		130
融化温度/℃	-15	
分解温度/℃		150

表 5-8　卤化羰基锇配合物种类和属性

属性	卤化羰基锇配合物种类				
	二溴化三羰基锇配合物	二氯化三羰基锇配合物	二碘化二羰基锇配合物	二氯化四羰基锇	二碘化四羰基锇配合物
分子式	$Os(CO)_3Br_2$	$Os(CO)_3Cl_2$	$Os(CO)_2I_2$	$Os(CO)_4Cl_2$	$Os(CO)_4I_2$
状态	黄色低挥发晶体	黄色单斜针状		无色晶体	黄色晶体
升华温度/℃	100			220	
融化温度/℃		249、269~273			
分解温度/℃	120		300	250	290

5.2.2.6　羰基铱配合物

羰基铱配合物的种类和属性分见表 5-9。

表 5-9　羰基铱配合物种类和属性

属性	羰基铱配合物种类			
	四羰基铱配合物	溴化三羰基铱配合物	氯化三羰基铱配合物	二氯化二羰基铱配合物
分子式	$[Ir(CO)_4]_n$ (n=1、2、3、…)	$Ir(CO)_3Br$	$Ir(CO)_3Cl$	$Ir(CO)_2Cl_2$

续表 5-9

属性	羰基铱配合物种类			
	四羰基铱配合物	溴化三羰基铱配合物	氯化三羰基铱配合物	二氯化二羰基铱配合物
状态	绿黄色晶体	棕色鳞片状	橄榄绿色	无色的晶体
升华温度/℃	160	140	115	
融化温度/℃				
分解温度/℃				200

5.2.2.7 羰基铂配合物

羰基铂配合物的种类及属性见表 5-10 和表 5-11。

表 5-10 羰基铂配合物的种类及属性

属性	羰基铂配合物种类			
	四羰基铂配合物	二氯化羰基铂配合物	二氯化二羰基铂配合物	四氯化三羰基铂配合物
分子式	$Pt(CO)_4$	$PtCOCl_2$	$Pt(CO)_2Cl_2$	$Pt_2(CO)_3Cl_4$
状态	红色溶胶	空心针状，黄色或橙黄色	升华获得无色长针晶体	橙黄色针状
升华温度/℃				
融化温度/℃		195	142	130
分解温度/℃	250	300	250	250

表 5-11　羰基铂配合物的种类及属性

属性	羰基铂配合物种类	
	六氯化二羰基铂配合物	二溴化羰基铂配合物
分子式	$Pt(CO)_2Cl_6$	$PtCOBr_2$
状态	金黄色晶体	红色针形晶体
升华温度/℃		
融化温度/℃	140	177
分解温度/℃	105	182

5.2.3　贵金属能够合成羰基配合物

经过富集的贵金属，在一定温度和压力下，能够与一氧化碳气体进行合成反应，形成贵金属羰基配合物，如：纯贵金属羰基配合物、卤化贵金属羰基配合物（氯化、溴化、碘化贵金属羰基配合物）及氢化贵金属羰基配合物。

5.2.4　贵金属羰基配合物可以分离

利用贵金属羰基配合物的属性，如：升华冷凝收集，融化蒸发精馏分离法，可以实现贵金属羰基配合物从混合物中分离。

5.2.5　贵金属羰基配合物可以热分解

贵金属羰基配合物不稳定，在加热到一定温度条件下，会释放出一氧化碳气体，析出贵金属。

5.2.6　羰基镍粉中含有贵金属

羰基法富集贵金属试验结果指出：将分离出获得的羰基镍配合物和羰基铁配合物的混合物，在热分解炉中进行热分解，可获得羰基镍金属粉末中含有金及铂族元素。其含量见表 5-12。这充分证明：在利用羰基法富集贵金属操作过程中，在合成羰基镍配合物同时，也有以部分贵金属合成为贵金属羰基配合物。所以，在羰基镍配合物中含有贵金属羰基配合物。

表 5-12 羰基镍铁粉末贵金属分析结果

序号	化学成分/$g \cdot t^{-1}$							
	Pt	Pd	Rh	Ir	Os	Ru	Au	Ag
F1	<1.0	<2.0	<1.0	1.5	1.13	0.89	<1.0	<20
F2	<1.0	<2.0	<1.0	0.87	1.09	1.71	<1.0	<20
F3	<1.0	<2.0	<1.0	1.5	0.82	0.94	<1.0	<20

5.3 贵金属羰基配合物精炼工艺流程[7]

利用羰基法精炼贵金属配合物是获得高纯度贵金属的方法。为了实现获得高纯贵金属的目的，需要按照贵金属羰基配合物的特性合理地设计工艺流程及工艺参数；按着该工艺流程及工艺参数要求的技术条件，提供设备（合成釜、精馏装置、特殊分解器、产品收集器等），建立安全环保的生产线，这样才能够实现羰基法精炼贵金属的目的。

贵金属羰基配合物精炼工艺流程包括：贵金属羰基配合物精炼工艺流程和卤化物贵金属羰基配合物（氯化物、溴化物、碘化物贵金属羰基配合物）精炼工艺流程。本流程设计是以含有贵金属的铜-镍合金为原料，设计羰基法精炼贵金属工艺流程。

含有贵金属的镍精矿羰→氧气顶吹熔→水雾化制粒→羰基合成低价金属（铁、钴、镍）羰基配合物→从高压釜中排除低价金属（铁、钴、镍）羰基配合物，从而富集贵金属→含贵金属渣→球磨→羰基合成贵金属→贵金属羰基配合物分离→贵金属羰基配合物热分解→产物。

应该明确指出：工艺流程设计是给出羰基法精炼贵金属的工艺路线。工艺流程中的每一阶段控制参数及环境要求、工艺流程拐点及方向、一直到工艺流程的终点，都是依据不同原料来进行设计。按着此设计工艺流程来指导生产线里的设备连接、伺服配件装配、工艺参数（温度、压力、时间及介质等）设定。

由于贵金属羰基配合物种类繁多，每一种贵金属羰基配合物的合成工艺流程及条件不同，所以要分别进行叙述。

纯贵金属羰基配合物精炼流程如图 5-1 所示。

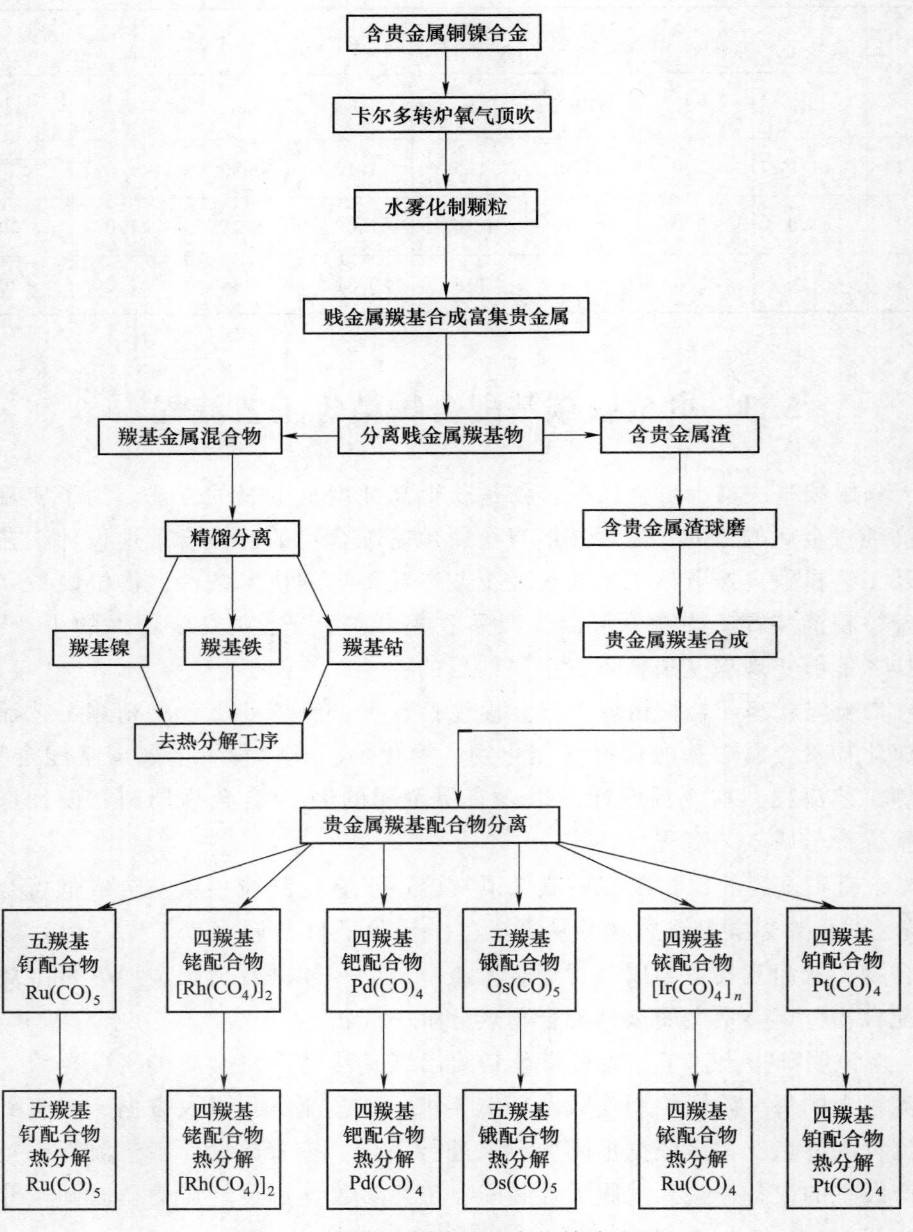

图 5-1　纯贵金属羰基配合物精炼流程

贵金属卤化物（氯化物、溴化物、碘化物）羰基配合物精炼流程如图 5-2～图 5-4 所示。

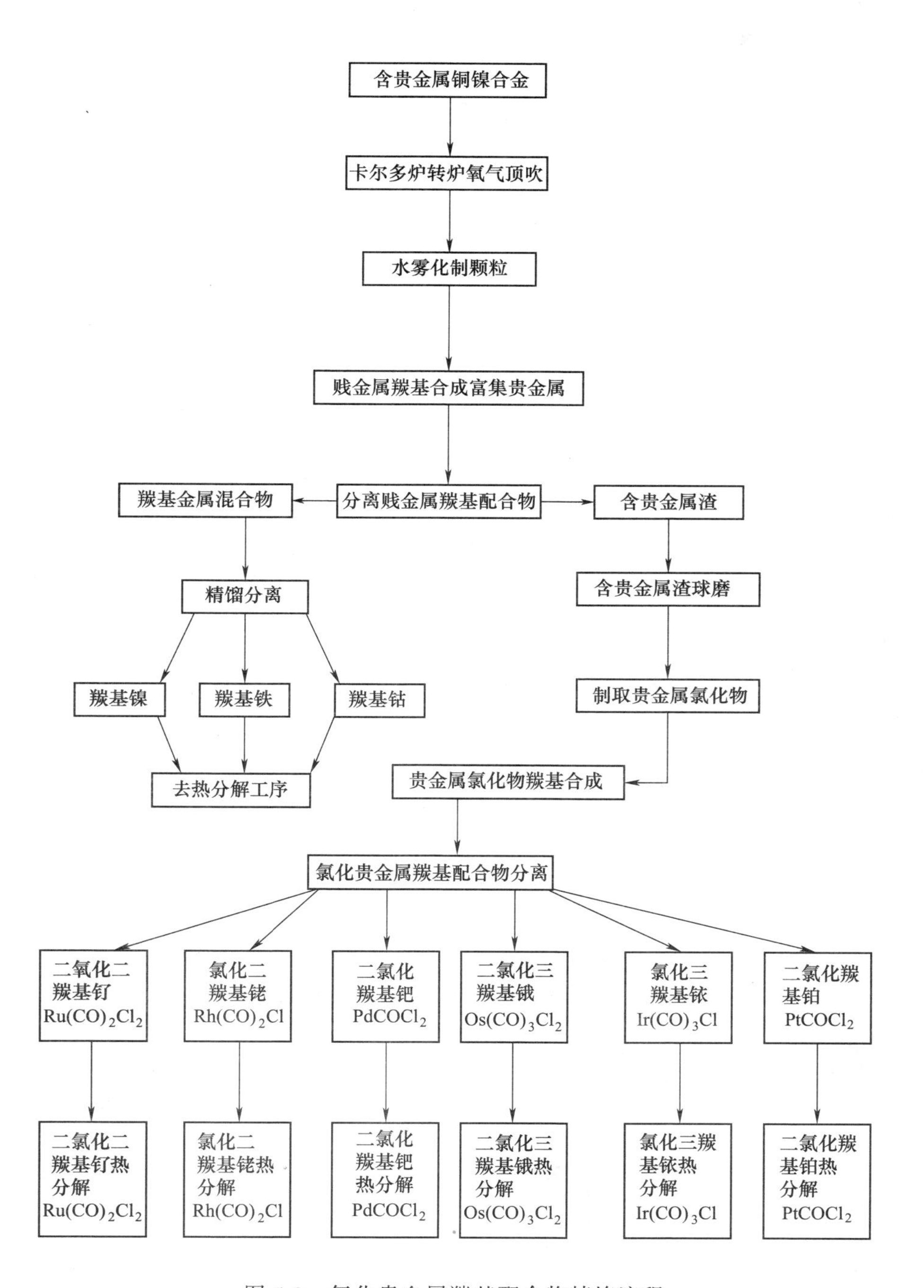

图 5-2 氯化贵金属羰基配合物精炼流程

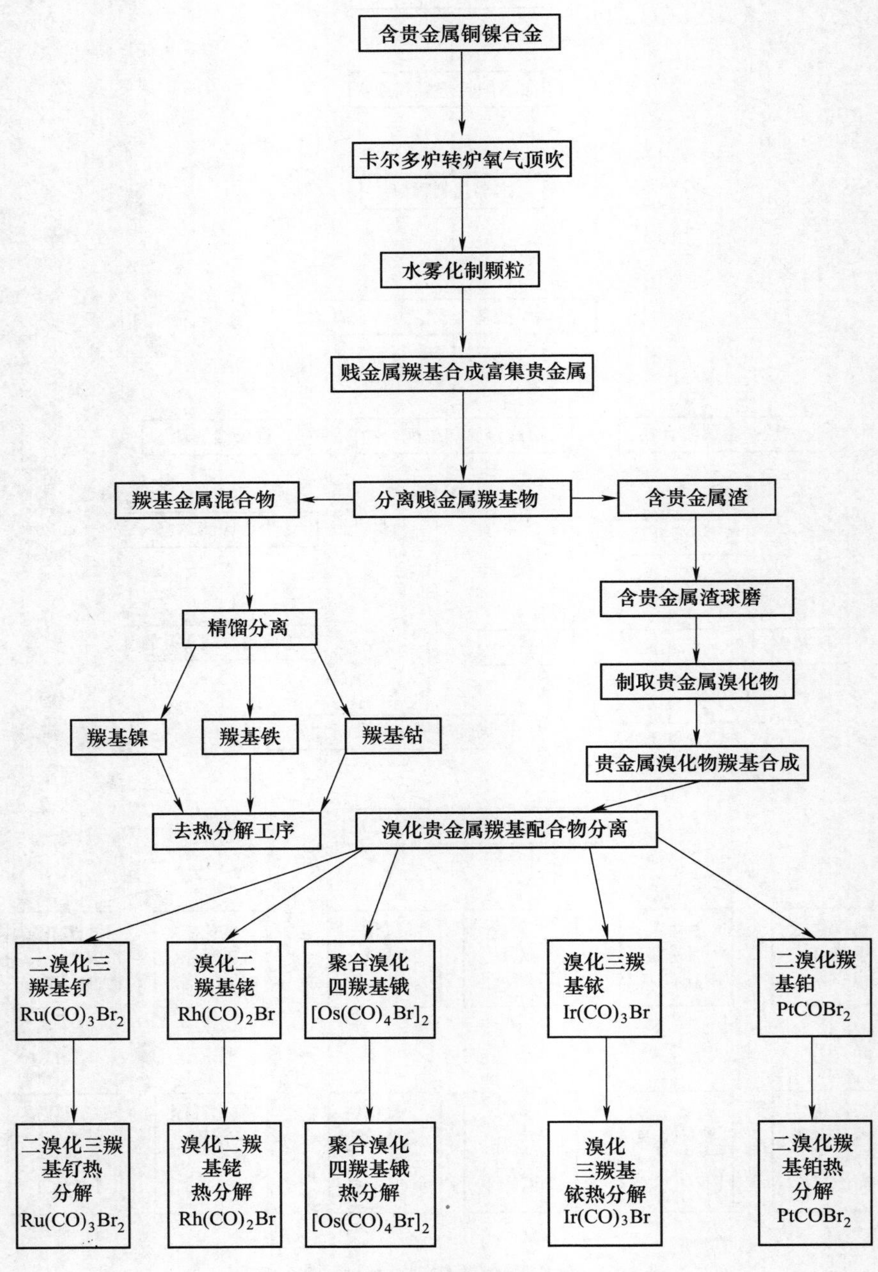

图 5-3　溴化贵金属羰基配合物精炼流程

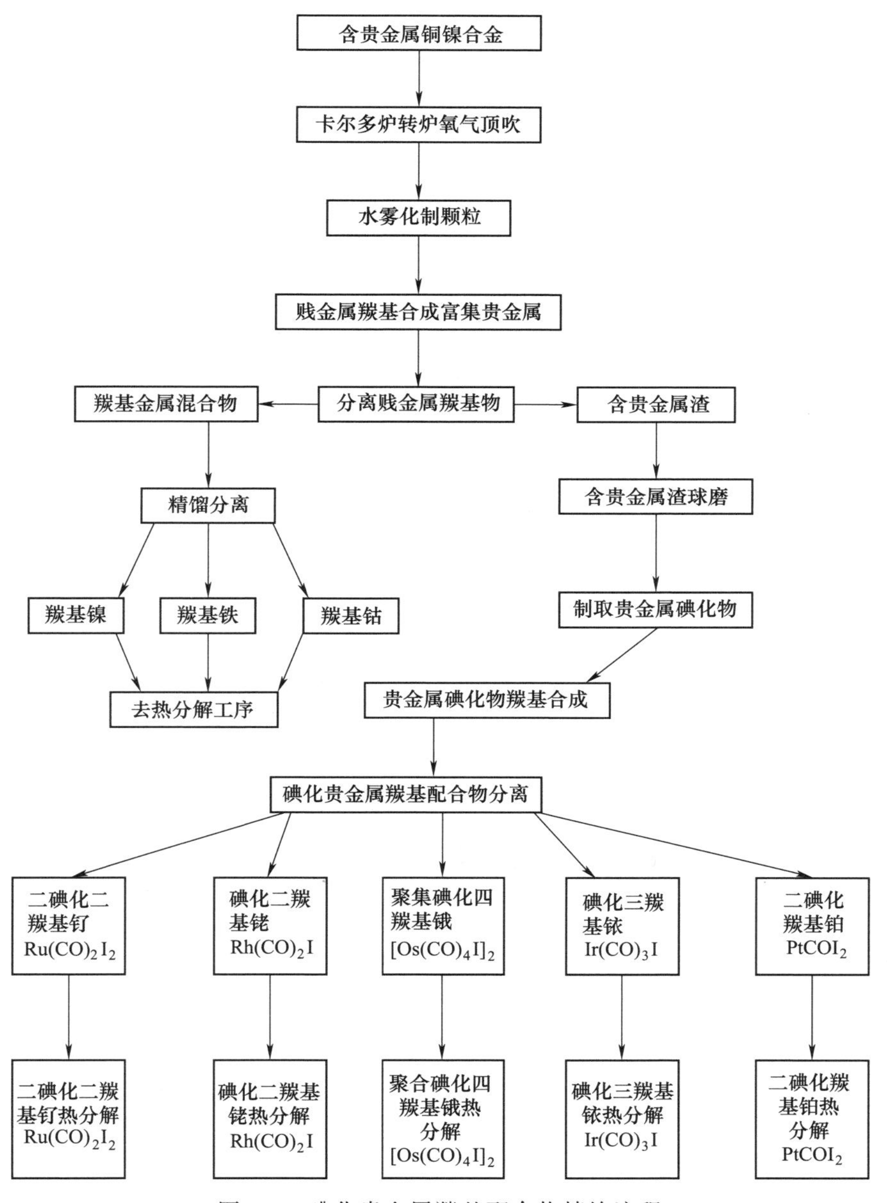

图 5-4 碘化贵金属羰基配合物精炼流程

5.4 羰基法精炼贵金属的设备要求

实验室羰基法精炼贵金属生产线是真正出产品和出数据的小型生产流

程。在实验过程中要验证工艺流程及工艺参数的合理性，出现问题需要不断进行修改，直到合格产品最大产出量、设备运转正常、安全环保达到设计要求。全套数据经过鉴定后，提供给对口专业设计研究院进行工业设计，实现工业化生产。

5.4.1 高压合成反应釜

高压合成反应釜：压力：25~30MPa，温度：最高500℃，带搅拌装置，抗腐蚀。实验室通用的高压搅拌合成釜，适合合成固态晶体羰基金属配合物（羰基铬、羰基钨、羰基钼及贵金属羰基配合物）如图5-5所示。

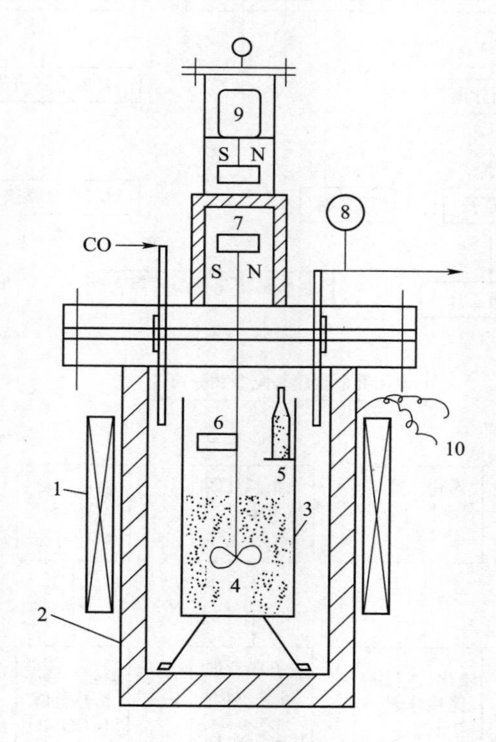

图5-5 高压搅拌合成釜

1—加热器；2—高压釜体；3—不锈钢料桶；4—搅拌器；5—支架；6—旋转臂；7—磁铁；8—压力表；9—电机；10—测温热电偶

5.4.2 一氧化碳气体压缩机

采用无油隔膜压缩机（防止有污染）。

5.4.3 精馏装置

提纯贵金属羰基配合物。

5.5 贵金属羰基配合物热分解

5.5.1 依据贵金属羰基配合物的性质设计热分解参数

在常态下贵金属羰基配合物为固体，在一氧化碳中也很容易升华，被加热时开始熔化，并且在更高的温度下，贵金属羰基配合物热解离，接着产生贵金属粉末或者沉积形成涂层。

5.5.2 贵金属羰基配合物热分解流程设计

5.5.2.1 采用惰性气体预热法

采用惰性气体预热法分解贵金属羰基配合物，制取贵金属粉末优点如下：

（1）热分解反应区域温度均匀；

（2）预热的惰性气体，既能够供给羰基物热分解所需要的能量，又能够作为稀释气体；

（3）惰性气体预热法分解羰基物，可以提高形核率（与壁式加热炉比）；

（4）有利于抑制核心相互碰创机会，有利于制取超细粉末，粉末分散性好；

（5）有利于降低粉末中碳含量；

（6）热分解炉壁几乎无挂壁料。

利用高纯氮气或者氩气为载热体，提供贵金属羰基配合物分解能量。高纯氮气或者氩气加入到温度为400~500℃，设计气体流量为L/min（按技术要求）及流速为m/s（按技术要求）。

5.5.2.2 采用惰性气体携带贵金属羰基配合物的升华气体

利用高纯氮气或者氩气为载热体，油浴加热器温度时贵金属羰基配合物升华为气态，气体流量为L/min（按技术要求）。贵金属羰基配合物间断加入，贵金属羰基配合物晶体每次加入量及间隔时间要精确设计，以保障贵金属羰基配合物气体匀速进入热分解器。

5.5.2.3 粉末收集及处理

贵金属粉末要在惰性气体保护下封装。

5.5.2.4 工艺流程

对于固态贵金属羰基物及其他固态羰基物（羰基钴、羰基钨、羰基钼、羰基贵金属等）而言，由于固态羰基物需要升华气化过程，所以热分解制取粉末方法不同于液态羰基物，固态羰基物热分解制取粉末的工艺流程是通用的。贵金属羰基配合物热分解工艺流程如图 5-6 所示。

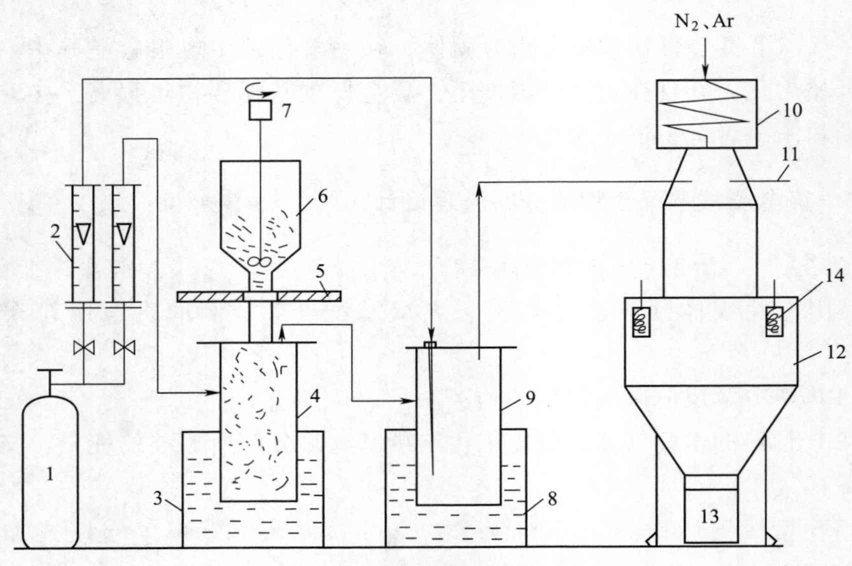

图 5-6 贵金属羰基配合物热分解工艺流程

1—氮气 N_2 或者氩气 Ar；2—流量计；3—油浴加热器；
4—贵金属羰基物升华罐；5—漏板（定时往复移动）；
6—贵金属羰基配合物储罐；7—搅拌器；8—油浴热器；
9—混合罐；10—加热器；11—喷口；12—热分解炉；
13—盛粉末罐；14—过滤器

将一定量贵金属羰基配合物晶体装入贵金属羰基配合物储罐中；加热贵金属羰基配合物升华罐到设计温度；开启惰性气体氮气 N_2 或者氩气 Ar，调到设计流量；混合罐和加热器调到设计温度；当整个系统内部的空气被惰性气体置换后，启动漏板（定时往复移动），热分解制取粉末过程即开始了。

5.5.3 贵金属的涂层

由于贵金属具有特殊的性能，在很多特殊的技术范围内，利用贵金属的特殊性能制成在高温下使用的材料。因为贵金属可以大大地降低单个组合结构件的重量和成本，所以在某些结构件上获得贵金属的涂层是非常有价值的。

羰基贵金属的配合物的涂层法一方面它可以方便地涂在工件的内表面上，另外它可以大大地节省涂层过程的时间，所以无疑是优越的。

5.5.3.1 贵金属羰基配合物涂层工艺流程特点

（1）适合任何一种羰基金属配合物进行气相涂层；

（2）真空条件下气相涂层，涂层与基体结合紧密牢固；

（3）基体旋转使得涂层厚度均匀；

（4）涂层条件可以控制。

5.5.3.2 贵金属羰基配合物涂层工艺流程

20 世纪 70 年代钢铁研究院羰基冶金实验室，建立了羰基金属多功能涂层装置工艺流程，并开始用于液态羰基金属配合物（羰基镍配合物及羰基铁配合物）气相涂层研究（如图 5-7 所示），同时可以为电子工业部提供羰基钨配合物。将其改装为固态羰基金属配合物气相涂层工艺流程，改进后流程可以用于各种固态羰基金属配合物（羰基钨、羰基钼、贵金属羰基配合物）涂层（如图 5-8 所示）。同时该工艺流程也完全适合液-固态混合羰基金属配合物涂层及单一固态羰基金属配合物涂层。

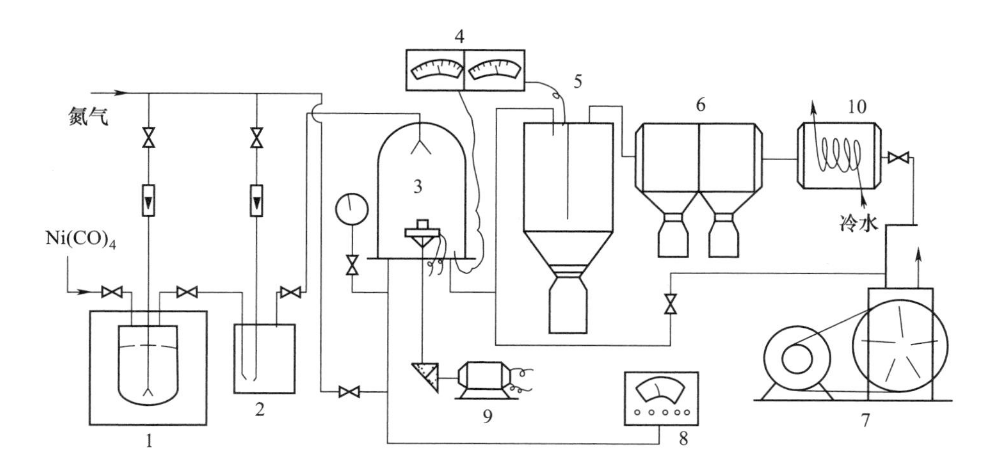

图 5-7 实验室液态羰基金属多功能涂层装置工艺流程

1—羰基镍载带系统；2—$Ni(CO)_4$和 N_2 混合器；
3—涂层室；4—温度测量；5—破坏器；6—过滤器；
7—真空泵；8—真空表；9—转动系统；10—废气冷却器

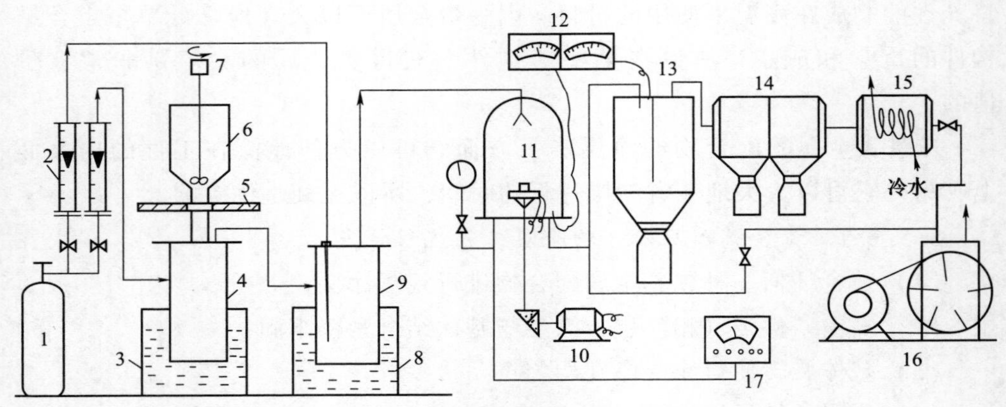

图 5-8 实验室固态羰基金属多功能涂层工艺流程

1—惰性气体（N_2/Ar）；2—流量计；3—油浴加热器；4—羰基贵金属升华罐；
5—漏板（定时往复移动）；6—羰基贵金属料罐；7—搅拌器；8—油浴加热器；9—混合罐；
10—转动系统；11—涂层室；12—温度测量；13—破坏器；
14—过滤器；15—废气冷却器；16—真空泵；17—真空表

5.6 羰基法精炼贵金属产品

通过气相热分解羰基贵金属配合物，可以获得物理化学性能优良、形状各异的贵金属产品，如：贵金属粉末、薄膜、海绵体材料等。贵金属羰基配合物的分解产物类型取决于热分解的环境。

当贵金属羰基配合物在一氧化碳气体，或者在惰性气体保护空间热分解时，可以获得微米级或者纳米级贵金属粉末；当在基体表面上进行热分解时，获得到贵金属薄膜；当在多孔海绵状体内分解时，可以获得海绵状材料。材料的形状性能根据应用要求来就决定的。

5.7 羰基法精炼贵金属产品的应用

贵金属、合金和化学制品具有优良的综合物理化学特性已经成为现代工业和国防建设的重要材料，广泛地应用于航空、航天、航海、导弹、火箭、原子能、微电子技术、化学、石油化工、玻璃纤维、废气净化以及冶金工业各个领域。

贵金属材料在仪器仪表中用作敏感元件。对仪器仪表的精度、可靠性和使用寿命起着关键和核心作用；贵金属化合物和配合物在石油化学工业中的均相络合催化、精细化工、能源和生物工程等方面发挥了重要作用；贵金属在高技术产业中的作用不同凡响。因而人们称贵金属为“现代工业中的维生素”和“现代新金属”。

目前国内已经能成批生产高纯贵金属、贵金属粉末等材料。在电器方面应用：电位计绕组材料、电刷材料、电接点材料、测温材料、电阻应变材料等；在功能材料中：磁性材料、弹性材料、玻纤工业用漏板材料、坩埚材料、焊料材料、氢气净化材料以及敏感技术用特殊材料等；化工，冶金及环保方面应用：催化剂、化合物、浆料等。大约有 300 多个品种，近 3000 个规格。

参 考 文 献

[1] Бёлозерский Н А，Карбонилй Металлов. Москва：Научно. тёхничесоеиздательства，1958：311～347.

[2] БСыркин. Карбонильные Металлы Москва：Метллургия，1978：107～109.

[3] БСыркин. Карбонильные Металлы Москва：Метллургия，1978：106～107，102～128.

[4] 刘思林，陈趣山，滕荣厚，等．镍羰化过程中贵金属富集的研究［J］. 有色金属，1998，3.

[5] 滕荣厚，赵宝生．羰基法精炼镍及安全环保［M］. 北京：冶金工业出版社，2017，1～9：105～119.

[6] 滕荣厚，赵宝生．羰基法精炼铁及安全环保［M］. 北京：冶金工业出版社，2019：11～19，25～28.

[7] 滕荣厚．羰基法精炼贵金属研究方案报告［R］. 钢铁研究总院羰基冶金实验室内部报告，1996.

附录　山西羰基金属新材料研究院（Carbonyl Metal Institute）

山西羰基金属新材料研究院（CMI）成立于2020年7月30日。研究院由山西金池科技开发有限公司注册资金4500万元，地址为山西省汾阳市三泉焦化工业园区。

山西羰基金属新材料研究院是以羰基冶金新工艺及新装备研发、羰基金属新材料研制、开拓新应用领域及安全环保为中心的综合研究院。羰基金属新材料研究院具有功能齐备的羰基金属新材料研究室、羰基金属新材料设计研究室以及工业化羰基金属材料生产基地。山西羰基金属新材料研究院为开发羰基金属新材料做贡献，也为国内外提供优质的技术服务。

山西羰基金属新材料研究院以赵宝生教授为核心，汇集了一批国内外羰基金属新材料研发和应用研究领域的优秀专家，人才队伍正在不断壮大。研究院的学术成果包括专著三部、国家发明专利多项，研究院在辽宁省建有国家羰基冶金装备研发和制造基地。

山西羰基金属新材料研究院开发研究涵盖的领域如下：

（1）羰基冶金工艺研究：研发具有高效、快捷、智能控制及安全环保的新工艺。

（2）粉末冶金领域：硬质合金、高比重合金、注射成型、3D打印等。

（3）电磁材料领域：隐身材料、屏蔽材料、干扰逃逸材料、磁流体等。

（4）化工材料领域：高效催化剂、复合材料等。

（5）清洁能源新材料：动力电池粉末、泡沫镍等。

（6）环保材料：贵金属汽车尾气催化剂。

（7）食品添加。

（8）医药。

山西羰基金属新材料研究院，目前建成涵盖多领域的多学科、多专业的研发中心和实验室，包括：

（1）羰基金属粉末（纳米级铁、钴、镍、钨、锰、钼、铼等贵金属）实验室。

（2）磁性材料实验室。

（3）屏蔽、吸波材料实验室。

（4）合金实验室（锰-铁-镍粉末合金）。

（5）磁流体推进实验室。

研究院的宗旨：围绕山西省及中部崛起的功能定位，建设具有可持续发展性和战略性的产、学、研合作基础平台，推动相关产业的发展，探索在产、学、研合作模式中发挥引领、示范、带动和骨干作用。

研究院的愿景：研究院成为羰基金属功能材料领域的国内外知名的综合性研究智库、技术转移和产业化基地。成为羰基冶金领域的领航人。

研究院的使命：研究院以理论为基础，创立羰基冶金新颖概念及具有独立知识产权创新技术为前提。为羰基金属功能材料领域的科技创新、高新技术产业化和高端人才培养做出贡献。

研究院的业务范围：羰基金属功能材料领域的科学研究、核心与共性技术研发、科技成果转移转化与产业孵化，以及相关应用开发、系统集成、信息咨询、相关产业投资、人才培养等。

研究院与资本的合作：研究院正与资本合作建立以羰基铁粉、羰基镍粉及其他羰基金属粉末功能材料为基础的，年产 10000 吨羰基金属新材料生产基地和产业集群，产值超过 1000 亿元的规模，必将产生显著的经济效益和社会效益。